机 械 制 图

主　编　冯志辉　程一凡　温够萍
副主编　曾泽恩
参　编　童　敏　梅宇航　史道敏　陈　杰
主　审　吕小艳

U0234580

北京理工大学出版社
BEIJING INSTITUTE OF TECHNOLOGY PRESS

版权专有　侵权必究

图书在版编目（CIP）数据

机械制图/冯志辉，程一凡，温够萍主编. —北京：北京理工大学出版社，2018.9
ISBN 978 - 7 - 5682 - 6077 - 0

Ⅰ.①机…　Ⅱ.①冯…②程…③温…　Ⅲ.①机械制图 – 高等学校 – 教材
Ⅳ.①TH126

中国版本图书馆 CIP 数据核字（2018）第 219768 号

出版发行 / 北京理工大学出版社有限责任公司
社　　址 / 北京市海淀区中关村南大街 5 号
邮　　编 / 100081
电　　话 / （010）68914775（总编室）
　　　　　 （010）82562903（教材售后服务热线）
　　　　　 （010）68948351（其他图书服务热线）
网　　址 / http：//www.bitpress.com.cn
经　　销 / 全国各地新华书店
印　　刷 / 三河市华骏印务包装有限公司
开　　本 / 787 毫米 × 1092 毫米　1/16
印　　张 / 16.5　　　　　　　　　　　　　　　　　　责任编辑 / 李玉昌
字　　数 / 388 千字　　　　　　　　　　　　　　　　文案编辑 / 李玉昌
版　　次 / 2018 年 9 月第 1 版　2018 年 9 月第 1 次印刷　责任校对 / 周瑞红
定　　价 / 64.00 元　　　　　　　　　　　　　　　　责任印制 / 李　洋

图书出现印装质量问题，请拨打售后服务热线，本社负责调换

前　言

机械制图是机械类、机电类专业必修的一门重要技术基础课，是研究如何利用正投影的原理来进行绘制和识读工程图样的课程，既有系统的理论又有较强的实践性，主要培养学生读图、绘图，运用各种作图手段来构思、分析和表达工程问题的能力，为后续专业课程的学习及今后的就业打下坚实的基础。

本书根据教育部制定的《高等教育工程制图基本规定》和专业培养要求，在听取多所高等院校教师及企业专家的意见和建议，总结作者长期教学实践经验的基础上编写而成。在编写时力图体现以下特点。

（1）将专业（特别是电梯方向）所需的制图知识与技能训练融为一体，实现机电绘图和识图的"教、学、做"合一，让学生在"做中学"，让老师在"做中教"，调动学生的学习积极性，培养学生解决工程实际问题的能力。

（2）以培养学生空间想象、空间构形能力为主线，围绕专业行业企业实际产品实例，图形由简单到复杂，按项目工作任务讲述方法步骤。

（3）从感性到理性，以"实用、会做、够用"为原则，选取教学内容，如将投影理论部分的内容恰当压缩，把识读零件图、装配图结合在一起等。

（4）重识图，轻绘图，本书重在如何看懂零件图及装配图而不是绘制。

本书由冯志辉、程一凡、温够萍担任主编，由曾泽恩担任副主编，参与编写的有童敏、梅宇航、史道敏、陈杰。具体编写分工为：冯志辉、程一凡编写学习情境一、二；曾泽恩编写学习情境三；温够萍编写学习情境四；童敏、梅宇航编写学习情境五；史道敏、陈杰编写学习情境六。本书由冯志辉负责统稿，吕小艳负责审稿。由于编者水平有限，本书虽经多次修改，但难免存在不妥之处，诚请读者批评指正。

编　者

目　录

学习情境一　制图基本规定的学习 ……………………………………………………… 1

　　任务一　绘制平面图形 …………………………………………………………………… 1

学习情境二　组合体三视图的绘制 …………………………………………………… 22

　　任务二　绘制三视图 …………………………………………………………………… 22

　　任务三　基本体表面上求点 …………………………………………………………… 30

　　任务四　绘制立体表面交线 …………………………………………………………… 53

　　任务五　绘制组合体视图 ……………………………………………………………… 65

　　任务六　绘制机件的轴测图 …………………………………………………………… 82

学习情境三　机件的表达方法 ………………………………………………………… 92

　　任务七　用视图综合表达机件 ………………………………………………………… 92

　　任务八　绘制机件的剖视图 …………………………………………………………… 98

　　任务九　绘制机件的断面图 ………………………………………………………… 109

　　任务十　综合表达机件 ……………………………………………………………… 113

学习情境四　标准件与常用件 ……………………………………………………… 122

　　任务十一　绘制螺纹　键　销连接图 ……………………………………………… 122

　　任务十二　绘制齿轮　滚动轴承　弹簧 …………………………………………… 137

学习情境五　零件图、装配图绘制与识读 ……………………………………… 149

　　任务十三　识读产品几何技术规范（GPS）………………………………………… 149

　　任务十四　绘制与识读零件图 ……………………………………………………… 163

　　任务十五　绘制与识读装配图 ……………………………………………………… 187

　　任务十六　绘制与识读电梯装配图 ………………………………………………… 205

学习情境六　识读电梯土建布置图 ……………………………………………… 215

　　任务十七　识读电梯土建布置图 …………………………………………………… 215

　　任务十八　电梯土建勘察 …………………………………………………………… 220

附　　录 ……………………………………………………………………………… 222

参考文献 ……………………………………………………………………………… 255

学习情境一

制图基本规定的学习

机器及零部件在生产、装配、安装过程中使用的图形均是机械图，而平面图形是构成机械图的基础，因此画好平面图是学习机械制图的首要条件。

任务一　绘制平面图形

学习目标

熟悉国家标准《技术制图》和《机械制图》中有关图纸幅面、图框格式、比例、字体、图线类型与应用等规定；正确理解和使用国家标准中有关尺寸注法；学会平面图形的线段分析与绘制方法；正确使用绘图仪器；掌握绘图技巧以提高绘图技能。

任务设计

机件的轮廓由一些平面与曲面组成，根据机械强度与使用要求，机件轮廓均应圆滑过渡，通常用圆弧将轮廓光滑连接。如图 1－1 所示为手柄立体图，可以看出该手柄的轮廓是由直线圆弧组成的，绘制平面图就需要圆弧连接的相关知识，通过绘制手柄平面图，就能达到基本的平面作图能力。

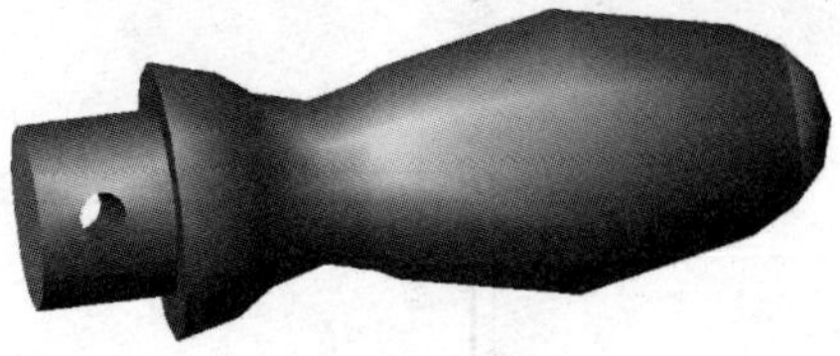

图 1－1　手柄立体图

相关知识

一、《技术制图》《机械制图》国家标准的有关规定

要正确绘制和阅读图样，必须熟悉国家标准的有关规定。

（一）图纸幅面和格式、标题栏

为了便于图样的绘制、使用和保管，图样均应画在规定幅面和格式的图纸上。

1. 图纸幅面和格式（GB/T 14689—2008）

GB/T 推荐性标准

国家标准代码如图 1－2 所示。

图 1－2　国家标准代码

图样中的内外两框：外框表示图纸边界，用细实线绘制，尺寸为：$B \times L$；内框表示绘图区域，用粗实线绘制；尺寸见表 1 – 1。留装订边图纸和不留装订边图纸见图 1 – 3、图 1 – 4。

表 1 – 1　图框尺寸　　　　　　　　　　单位：mm

幅面代号		A0	A1	A2	A3	A4
尺寸 $B \times L$		841 × 1189	594 × 841	420 × 594	297 × 420	210 × 297
边框	a	25				
	c	10			5	
	e	20		10		

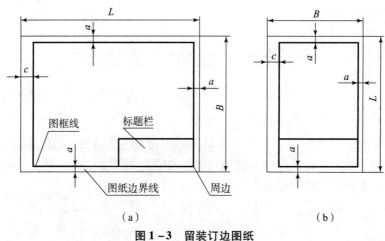

（a）　　　　　　　　　　　　　　（b）

图 1 – 3　留装订边图纸

（a）图纸横放；（b）图纸竖放

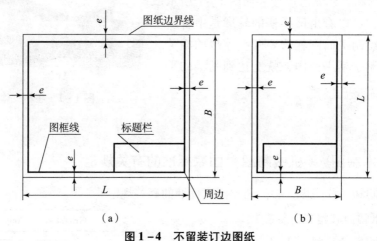

（a）　　　　　　　　　　　　　　（b）

图 1 – 4　不留装订边图纸

（a）图纸横放；（b）图纸竖放

对中符号和方向符号：标题栏的文字方向为看图方向。为了使图样复制和微缩时定位方便，应在图纸的各边长中点处分别画出对中符号。对中符号是从周边画入图框内约 5 mm 的一段粗实线，如图 1 – 5 所示。

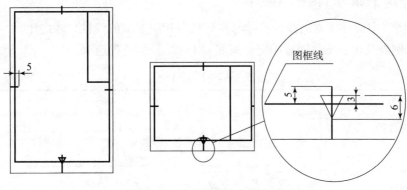

图 1-5　对中符号和方向符号

2. 标题栏（GB/T 10609.1—2008）

标题栏的位置一般在图框的右下角。看图的方向应与标题栏的方向一致。如图 1-6、图 1-7 所示。

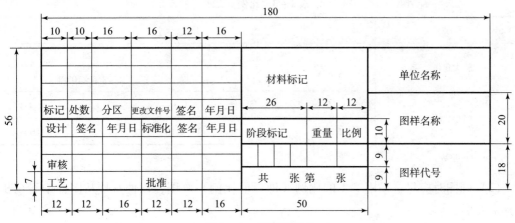

图 1-6　标题栏格式

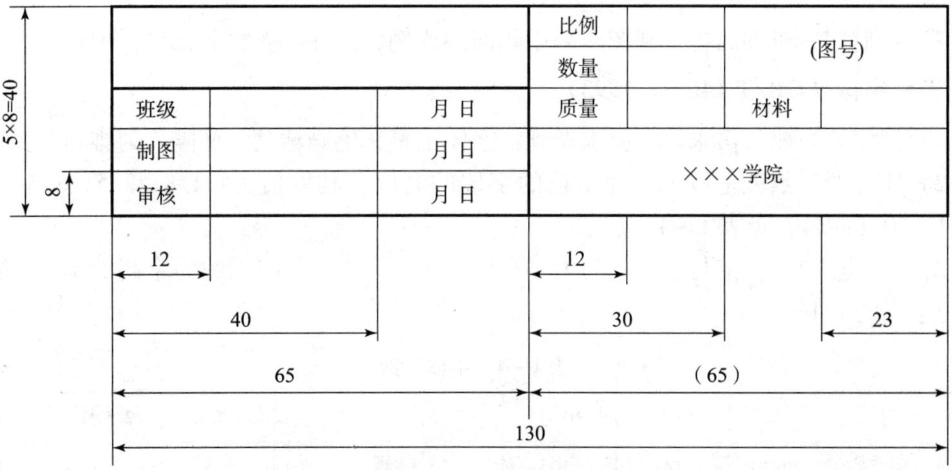

图 1-7　学生用标题栏

（二）比例（GB/T 14690—1993）

比例是图样中机件要素的线性尺寸与实际机件相应要素的线性尺寸之比。

（1）比例规范化，不可随意确定，按照表1-2、表1-3选取。

表1-2　比例（一）

种类	比　　　例		
原值比例	1:1		
放大比例	5:1		2:1
	$5 \times 10^{n}:1$	$2 \times 10^{n}:1$	$1 \times 10^{n}:1$
缩小比例	1:2	1:5	1:10
	$1:2 \times 10^{n}$	$1:5 \times 10^{n}$	$1:1 \times 10^{n}$

注：n 为正整数。

表1-3　比例（二）

种类	比　　　例				
放大比例	4:1			25:1	
	$4 \times 10^{n}:1$			$2.5 \times 10^{n}:1$	
缩小比例	1:15	1:25	1:3	1:4	1:6
	$1:1.5 \times 10^{n}$	$1:2.5 \times 10^{n}$	$1:3 \times 10^{n}$	$1:4 \times 10^{n}$	$1:6 \times 10^{n}$

注：n 为正整数。

（2）画图时应尽量采用1:1的比例（即原值比例）画图，以便直接从图样中看出机件的真实大小。

（3）图样不论放大或缩小，图样上标注的尺寸均为机件的实际大小，而与采用的比例无关。

（4）绘制同一机件的各个视图应采用相同的比例，并在标题栏的比例栏中填写。

（三）字体（GB/T 14691—1993）

（1）汉字要写成长仿宋体，要求做到：字体工整，笔画清楚，间隔均匀排列整齐。

（2）字体的号数就是以 mm 为单位的字体的高度，其取值为：1.8，2.5，3.5，5，7，10，14，20（mm），见表1-4。

（3）高:宽 =3:2；字与字间隔约为字高的1/4，行与行的间隔约为字高的1/3，笔画宽度约为字高的1/10。

表1-4　字体号数　　　　　　　　　单位：mm

字体的代号	20 号	14 号	10 号	7 号	5 号	3.5 号	2.5 号	1.8 号
字高（h）	20	14	10	7	5	3.5	2.5	1.8
字宽（d）	14	10	7	5	3.5	2.5	1.8	1.3

书写示例如下：

10号字

字体工整　笔画清楚　间隔均匀　排列整齐

7号字

横平竖直注意起落结构均匀填满方格

5号字

技术制图机械电子汽车航空船舶土木建筑矿山井坑港口纺织服装

（4）数字和字母均可写成斜体字，向右倾斜，与水平线成75°角。注意3与8的区别，9与6的区别，0的写法。具体示例如图1-8所示。

（5）规定用铅笔书写。纯数字书写格式，如图1-9所示。

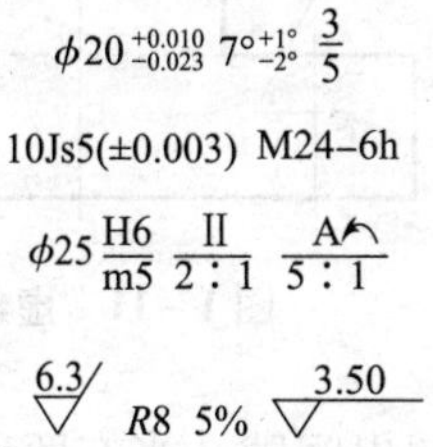

$$\phi20^{+0.010}_{-0.023} \quad 7^{0+1°}_{-2°} \quad \frac{3}{5}$$

$$10Js5(\pm0.003) \quad M24-6h$$

$$\phi25\frac{H6}{m5} \quad \frac{II}{2:1} \quad \frac{A}{5:1}$$

$$\overset{6.3}{\nabla} \quad R8 \quad 5\% \quad \overset{3.50}{\nabla}$$

0 1 2 3 4 5 6 7 8 9

图1-8　数字和字母的书写 　　　　图1-9　数字书写格式

（四）图线（GB/T 17450—1998、GB/T 4457.4—2002）

（1）图线分粗、细两种。粗线的宽度 b 应按照图的大小及复杂程度，在 $0.5\sim2$ mm 选择，细线的宽度约为 $b/2$。

（2）图线宽度的推荐系列为：0.18、0.25、0.35、0.5、0.7、1、1.4、2（mm）。制图作业中一般选择 0.7 mm 为宜。同一图样中，同类图线的宽度应基本一致。图线的型式及画法参照表1-5。

表1-5　图线线型与应用

名称代号	线型	宽度	主要用途
粗实线		b(0.5-2 mm)	可见轮廓线
细实线		约 $b/2$	尺寸线、尺寸界线、剖面线引出线等
虚线		约 $b/2$	不可见轮廓线
细点画线		约 $b/2$	轴线、对称中心线
粗点画线		b	有特殊要求的表面的表示线
双点画线		约 $b/2$	假想投影轮廓线、极限位置轮廓线
双折线		约 $b/2$	断裂处的边界线
波浪线		约 $b/2$	断裂处的边界线、视图和剖视的分界线

（3）图线画法。

①在同一图样中，同类图线的宽度应基本一致。虚线、点画线及双点画线的线段长度和间隔各自相等。

②两平行线之间的距离应不小于粗实线宽度的两倍，其最小距离不得小于 0.7 mm。

③画圆的中心线时，点画线的两端应超出轮廓线 2~5 mm；首末两端应是线段而不是短划；圆心应是线段的交点，较小圆的中心线可用细实线代替。

④虚线或点画线与其图线相交时，应在线段处相交，而不是在间隙处相交。见图 1-10、图 1-11。

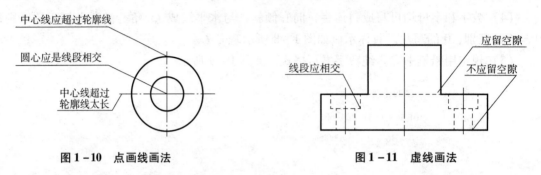

图 1-10　点画线画法　　　　　图 1-11　虚线画法

⑤虚线在实线的延长线上时，虚线与实线之间应留出间隙，当有两种或更多的图线重合时，通常按图线所表达对象的重要程度优先选择绘制顺序：可见轮廓线——不可见轮廓线——尺寸线——各种用途的细实线——轴线和对称中心线——假想线。图线的应用示例见图 1-12。

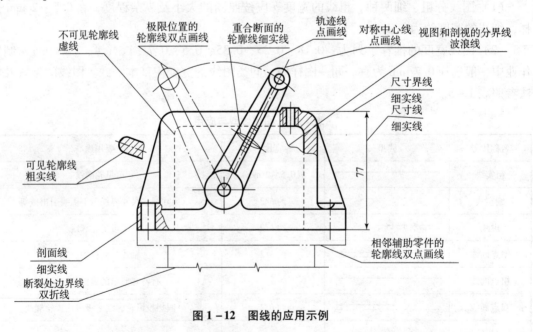

图 1-12　图线的应用示例

（五）尺寸标注方法（GB/T 4458.4—2003、GB/T 16675.2—2012）

在图样中，除需要表达机件的结构形状外，还需要标尺寸，以确定机件的大小。

1. 基本规则

（1）机件的真实大小应以图样上所注的尺寸数值为依据，与图形的大小及绘图的准确度无关。

（2）图样中（包括技术要求和其他说明）的尺寸，一般以 mm（毫米）为单位。以 mm 为单位时，不注计量单位的代号或名称，如采用其他单位，则必须注明相应的计量单位的代号或名称。

（3）图样中所标注的尺寸，为该图样所表示机件的最后完工尺寸，否则应另加说明。

（4）机件的每一尺寸，一般只标注一次，并应标注在反映该结构最清晰的图形上。为了便于图样的绘制、使用和保管，图样均应画在规定幅面和规格。

2. 尺寸的组成

完整的尺寸标注包含下列四个要素：尺寸界线、尺寸线、尺寸数字和终端（箭头或斜线）。

（1）尺寸界线。

作用：表示所注尺寸的起始和终止位置，用细实线绘制。尺寸界线由图形的轮廓线、轴线或对称中心线处引出。也可利用轮廓线、轴线或对称中心线本身作尺寸界线。

强调：尺寸界线一般应与尺寸线垂直，必要时允许与尺寸线成适当的角度；尺寸界线超出尺寸线 2 mm 左右。参照图 1-13 说明。

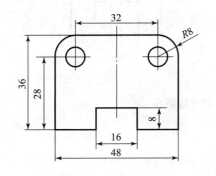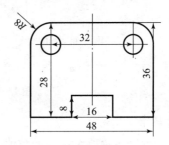

图 1-13　尺寸界线示例

（2）尺寸线。

作用：表示所注尺寸的范围，用细实线绘制。尺寸线不能用其他图线代替，不得与其他图线重合或画在其延长线上，并应尽量避免尺寸线之间及尺寸线与尺寸界线相交。

标注线性尺寸时，尺寸线必须与所标注的线段平行，相互平行的尺寸线小尺寸在内，大尺寸在外，依次排列整齐。并且各尺寸线的间距要均匀，间隔应大于 5 mm，以便注写尺寸数字和有关符号。尺寸线参照图 1-14 说明。

（3）尺寸线终端。

尺寸线终端有两种形式：箭头和细斜线。机械图样一般用箭头形式，箭头尖端与尺寸界线接触，不得超出也不得离开，如图 1-15（a）所示。

当尺寸线太短，没有足够的位置画箭头时，允许将箭头画在尺寸线外边；标注连续的小尺寸时可用圆点代替箭头，如图 1-15（b）所示。

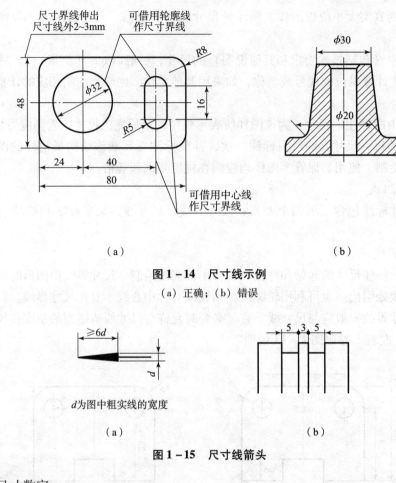

（a） （b）

图 1 - 14　尺寸线示例

（a）正确；（b）错误

图 1 - 15　尺寸线箭头

（4）尺寸数字。

作用：尺寸数字表示所注尺寸的数值。

强调：①线性尺寸的数字一般应写在尺寸线的上方、左方或尺寸线的中断处，位置不够时，也可以引出标注。

②尺寸数字不能被任何图线通过，否则必须将该图线断开。

③在同一张图上基本尺寸的字高要一致，一般采用 3.5 号字，不能根据数值的大小而改变。

（六）常用尺寸的标注方法

1. 线性尺寸的标注

线性尺寸的数字应按图 1 - 16（a）所示的方向填写，图示 30°范围内，应按图 1 - 16（b）形式标注。尺寸数字一般应写在尺寸线的上方，当尺寸线为垂直方向时，应注写在尺寸线的左方，也允许注写在尺寸线的中断处，如图 1 - 16（c）所示。狭小部位的尺寸数字按图 1 - 16（d）所示方式注写。

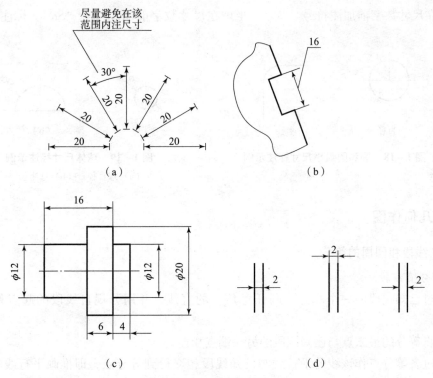

图 1-16　线性尺寸标注示例

2. 角度尺寸的标注

角度的尺寸界线应沿径向引出，尺寸线是以角的顶点为圆心画出的圆弧线。角度的数字应水平书写，一般注写在尺寸线的中断处，必要时也可写在尺寸线的上方或外侧。角度较小时也可以用指引线引出标注。角度尺寸必须注出单位，如图 1-17 所示。

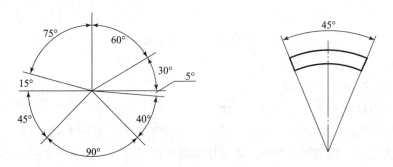

图 1-17　角度尺寸标注示例

3. 圆和圆弧尺寸的标注

标注圆及圆弧的尺寸时，一般可将轮廓线作为尺寸界线，尺寸线或其延长线要通过圆心。大于半圆的圆弧标注直径，在尺寸数字前加注符号"φ"，小于和等于半圆的圆弧标注半径，在尺寸数字前加注符号"R"。没有足够的空位时，尺寸数字也可写在尺寸界线的外侧或引出标注。圆和圆弧的小尺寸的标注如图 1-18 所示。

4. 球体尺寸的标注

圆球在尺寸数字前加注符号"$S\phi$",半球在尺寸数字前加注符号"SR"。标注如图1-19 所示。

图1-18 圆和圆弧小尺寸标注示例　　　图1-19 球体尺寸标注示例

　　　　　　　　　　　　　　　　　　　　　（a）球直径　（b）球半径

二、几何作图

（一）线段和圆周的等分

1. 等分直线段

（1）过已知线段的一个端点，画任意角度的直线，并用分规自线段的起点量取 n 个线段。

（2）将等分的最末点与已知线段的另一端点相连。

（3）过各等分点作该线的平行线与已知线段相交得到等分点，即推画平行线法。如图1-20 所示。

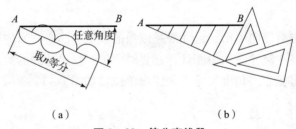

图1-20 等分直线段

2. 等分圆周

（1）正五边形。

方法：①作 OA 的中点 M，见图1-21（a）。

②以 M 点为圆心，$M1$ 为半径作弧，交水平直径于 K 点，见图1-21（b）。

③以 $1K$ 为边长，将圆周五等分，即可作出圆内接正五边形，见图1-21（c）。

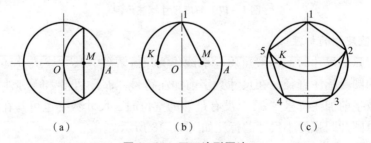

图1-21 正五边形画法

（2）正六边形。

方法一：用圆规作图。分别以已知圆在水平直径上的两处交点 A、B 为圆心，以 $R = D/2$ 作圆弧，与圆交于 C、D、E、F 点，依次连接 A、B、C、D、E、F 点即得圆内接正六边形，如图 1-22（a）所示。

方法二：用三角板作图。以 60°三角板配合丁字尺作平行线，画出四条边斜边，再以丁字尺作上、下水平边，即得圆内接正六边形，如图 1-22（b）所示。

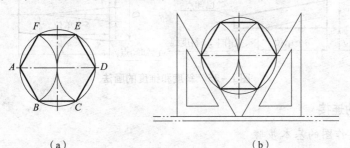

（a）　　　　　　　（b）

图 1-22　正六边形画法

（3）正 n 边形（以正七边形为例）。

n 等分铅垂直径 AK（在图中 $n = 7$），以 A 点为圆心，AK 为半径作弧，交水平中心线于点 S，延长连线 $S2$、$S4$、$S6$，与圆周交得点 G、F、E，再作出它们的对称点，即可作出圆内接正 n 边形。如图 1-23 所示。

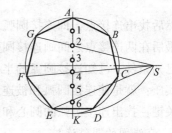

图 1-23　正 n 边形画法

（二）斜度和锥度

1. 概念

斜度是指一直线（或平面）对另一直线（或平面）的倾斜程度。它的特点是单向分布。

锥度是指正圆锥底圆直径与其高度之比，或正圆台的两底圆直径差与其高度之比。它的特点是双向分布。

2. 计算

斜度：高度差与长度之比　斜度 $= H/L = 1:n$

锥度：直径差与长度之比

锥度 $= D/L = D{-}d/l = 1:n$

注意：计算时，均把比例前项化为 1，在图中以 $1:n$ 的形式标注。

如图 1-24 所示。

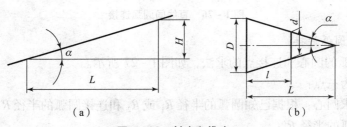

（a）　　　　　　　　　　（b）

图 1-24　斜度和锥度

（a）斜度及斜度符号；（b）锥度及锥度符号

3．画法

以图为例讲解，如图 1 – 25 所示。

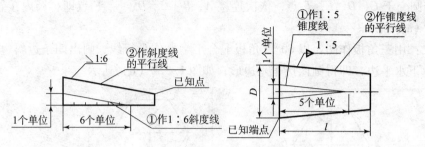

图 1 – 25　斜度和锥度的画法

（三）圆弧的连接

1．圆弧连接作图的基本步骤

首先求作连接圆弧的圆心，它应满足到两被连接线段的距离均为连接圆弧的半径的条件。

然后找出连接点，即连接圆弧与被连接线段的切点。

最后在两连接点之间画连接圆弧。

已知条件：已知连接圆弧的半径。

实质：就是使连接圆弧和被连接的直线或被连接的圆弧相切。

关键：找出连接圆弧的圆心和连接点（即切点）。

2．直线间的圆弧连接

作图法归纳为三点：

（1）定距：作与两已知直线分别相距为 R（连接圆弧的半径）的平行线。两平行线的交点 O 即为圆心。

（2）定连接点（切点）。从圆心 O 向两已知直线作垂线，垂足即为连接点（切点）。

（3）以 O 为圆心，以 R 为半径，在两连接点（切点）之间画弧。如图 1 – 26 所示。

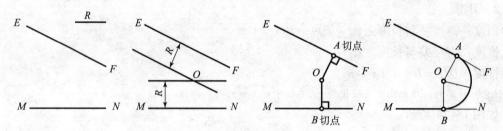

图 1 – 26　直线间圆弧连接

3．圆弧间的圆弧连接

（1）连接圆弧的圆心和连接点的求法，如图 1 – 27 所示。

作图法归纳为三点：

①用算术法求圆心：根据已知圆弧的半径 R_1 或 R_2 和连接圆弧的半径 R 计算出连接圆弧的圆心轨迹线圆弧的半径 R'：

外切时：$R' = R + R_1$

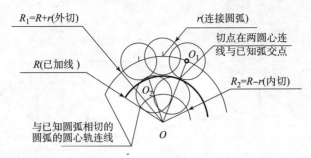

图 1－27　圆弧圆心和连接点

内切时：$R' = \left| R - R_2 \right|$

②用连心线法求连接点（切点），如图 1－28 所示。

外切时：连接点在已知圆弧和圆心轨迹线圆弧的圆心连线上。

内切时：连接点在已知圆弧和圆心轨迹线圆弧的圆心连线的延长线。

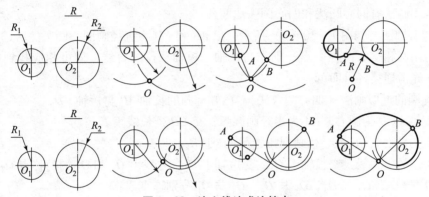

图 1－28　连心线法求连接点

③以 O 为圆心，以 R 为半径，在两连接点（切点）之间画弧。

（2）圆弧间的圆弧连接的两种形式。

①外连接：连接圆弧和已知圆弧的弧向相反（外切）。

②内连接：连接圆弧和已知圆弧的弧向相同（内切）。

4. 作与已知圆相切的直线

与圆相切的直线，垂直于该圆心与切点的连线。因此，利用三角板的两直角边，便可作圆的切线。

方法如图 1－29 所示。

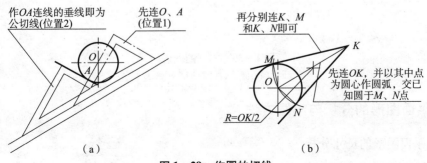

图 1－29　作圆的切线

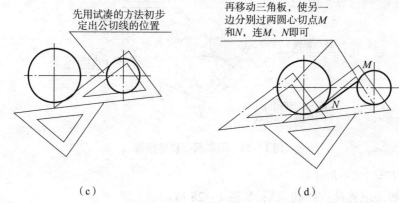

（c）　　　　　　　　　　　　（d）

图 1 - 29　作圆的切线（续）

（四）椭圆的画法

椭圆常用画法有同心圆法和四心圆弧法两种：

（1）同心圆法。如图 1 - 30（a）所示，以 AB 和 CD 为直径画同心圆，然后过圆心作一系列直径与两圆相交。由各交点分别作与长轴、短轴平行的直线，即可相应找到椭圆上各点。最后，光滑连接各点即可。

（2）椭圆的近似画法（四心圆弧法）。已知椭圆的长轴 AB 与短轴 CD，

①连 AC，以 O 为圆心，OA 为半径画圆弧，交 CD 延长线于 E；

②以 C 为圆心，CE 为半径画圆弧，截 AC 于 E_1；

③作 AE_1 的中垂线，交长轴于 O_1，交短轴于 O_2，并找出 O_1 和 O_2 的对称点 O_3 和 O_4；

④把 O_1 与 O_2、O_2 与 O_3、O_3 与 O_4、O_4 与 O_1 分别连直线；

⑤以 O_1、O_3 为圆心，O_1A 为半径；O_2、O_4 为圆心，O_2C 为半径，分别画圆弧到连心线，K、K_1、N_1、N 为连接点即可。

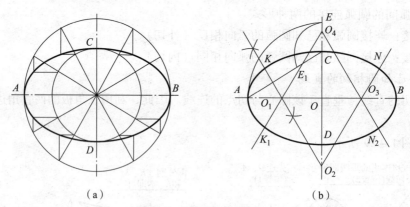

（a）　　　　　　　　　　　　（b）

图 1 - 30　椭圆的画法
（a）同心圆法；（b）四心圆弧法

三、平面图形的分析与绘图方法

（一）平面图形的尺寸分析

平面图形的尺寸按其作用可分为定形尺寸、定位尺寸、尺寸基准。

1. 定形尺寸

定形尺寸是指确定平面图形上几何元素形状大小的尺寸，如图 1-31 所示中的 $\phi12$、$R13$、$R26$、$R7$、$R8$、48 和 10。一般情况下确定几何图形所需定形尺寸的个数是一定的，如直线的定形尺寸是长度，圆的定形尺寸是直径，圆弧的定形尺寸是半径，正多边形的定形尺寸是边长，矩形的定形尺寸是长和宽两个尺寸等。

2. 定位尺寸

定位尺寸是指确定各几何元素相对位置的尺寸，如图 1-31 中的 18、40。确定平面图形位置需要两个方向的定位尺寸，即水平方向和垂直方向，也可以以极坐标的形式定位，即半径加角度。

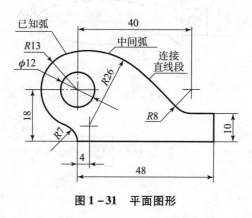

图 1-31　平面图形

3. 尺寸基准

任意两个平面图形之间必然存在着相对位置，就是说必有一个是参照的。（由此引出基准这个概念，介绍基准时可联系直角坐标系的坐标轴来讲解）

标注尺寸的起点称为尺寸基准，简称基准。平面图形尺寸有水平和垂直两个方向（相当于坐标轴 x 方向和 y 方向），因此基准也必须从水平和垂直两个方向考虑。平面图形中尺寸基准是点或线。常用的点基准有圆心、球心、多边形中心点、角点等，线基准往往是图形的对称中心线或图形中的边线。

（二）平面图形的线段分析

根据定形、定位尺寸是否齐全，可以将平面图形中的图线分为以下三大类：

1. 已知线段

概念：定形、定位尺寸齐全的线段。

作图时，该类线段可以直接根据尺寸作图，如图 1-31 中的 $\phi12$ 的圆、$R13$ 的圆弧、48 和 10 的直线均属已知线段。

2. 中间线段

概念：只有定形尺寸和一个定位尺寸的线段。

作图时，必须根据该线段与相邻已知线段的几何关系，通过几何作图的方法求出，如图 1-28 中的 $R26$ 和 $R8$ 两段圆弧。

3. 连接线段

概念：只有定形尺寸没有定位尺寸的线段。其定位尺寸需根据与线段相邻的两线段的几何关系，通过几何作图的方法求出，如图 1 – 31 中的 R7 圆弧段、R26 和 R8 间的连接直线段。

在两条已知线段之间，可以有多条中间线段，但必须而且只能有一条连接线段。否则，尺寸将出现缺少或多余。

（三）平面图形的画图步骤

以手柄画法为例：如图 1 – 32、图 1 – 33 所示。

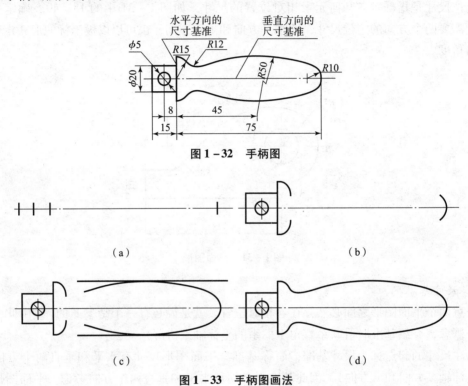

图 1 – 32　手柄图

图 1 – 33　手柄图画法

画图步骤：

①画基准线；

②画已知线段 R15、R10；

③画中间线段 R50；

④画连接线段 R12。

（四）平面图形的尺寸注法

平面图形中标注的尺寸，必须能唯一地确定图形的形状和大小，不遗漏、不多余地标注出确定各线段的相对位置及其大小的尺寸。

（1）标注尺寸的方法和步骤。

①先选择水平和垂直方向的基准线；

②确定图形中各线段的性质；

③按已知线段、中间线段、连接线段的次序逐个标注尺寸。

（2）参照图 1 – 34 所示的平面图形，分析讲解如下：

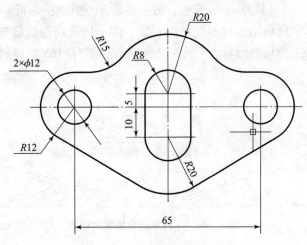

图 1−34 平面图形的尺寸标注

①分析图形。确定基准图形由外线框、内线框和两个小圆构成。整个图形左右是对称的，所以选择对称中心线为水平方向基准。垂直方向基准选两个小圆的中心线。

②标注定形尺寸。外线框需注出 R12 和两个 R20 以及 R15；内线框需注出 R8，两个小圆要注出 2×ϕ12。

③标注定位尺寸。左右两个圆心的定位尺寸 65，上下两个半圆的圆心定位尺寸为 5 和 10。

任务实施

一、绘图工具及其使用方法

1. 图版和丁字尺、三角板

图板用作画图时的垫板，要求表面平坦光洁；又因它的左边用作导边，所以左边必须平直。（图纸用胶带纸固定在图板上）

丁字尺是画水平线的长尺。丁字尺由尺头和尺身组成。画图时，应使尺头靠着图板左侧的导边。画水平线必须自左向右画，如图 1−35 所示。

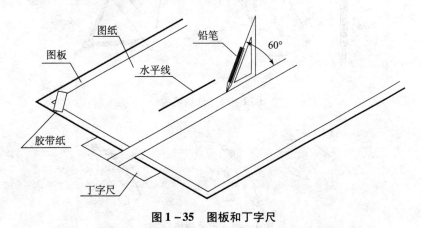

图 1−35 图板和丁字尺

一副三角板有两块，一块是45°三角板，另一块是30°和60°三角板。除了直接用它们来画直线外，也可配合丁字尺画铅垂线和其他倾斜线。用一块三角板能画与水平线成30°、45°、60°的倾斜线。用两块三角板能画与水平线成15°、75°、105°和165°的倾斜线，如图1-36所示。

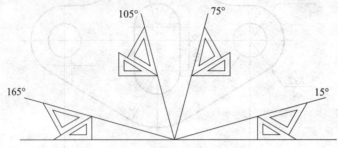

图1-36　用两块三角板配合画线

2. 圆规和分规

（1）圆规。圆规用来画圆和圆弧。圆规的一个脚上装有钢针，称为针脚，用来定圆心；另一个脚可装铅芯，称为笔脚。

在使用前应先调整针脚，使针尖略长于铅芯，如图1-37所示。笔脚上的铅芯应削成楔形，以便画出粗细均匀的圆弧。

画图时，圆规向前进方向稍微倾斜；画较大的圆时，应使圆规两脚都与纸面垂直。

（2）分规。分规用来等分和量取线段的。分规两脚的针尖在并拢后，应能对齐，如图1-38所示。

（3）曲线板。曲线板是用来绘制非圆曲线的。首先要定出曲线上足够数量的点，再徒手用铅笔轻轻地将各点光滑地连接起来，然后选择曲线板上曲率与之相吻合的部分分段画出各段曲线。注意应留出各段曲线末端的一小段不画，用于连接下一段曲线，这样曲线才显得圆滑，如图1-39所示。

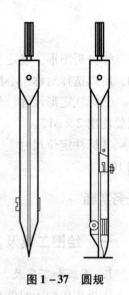

图1-37　圆规

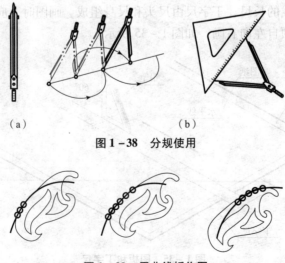

（a）　　　　　　　（b）

图1-38　分规使用

图1-39　用曲线板作图

3．铅笔

画图时，通常用 H 或 2H 铅笔画底稿（细线）；用 B 或 HB 铅笔加粗加深全图（粗实线）；写字时用 HB 铅笔。

（1）2H、H、HB 铅笔：修磨成圆锥形；

（2）B 铅笔：修磨成扁铲形。

（3）铅笔削法如图 1－40 所示。

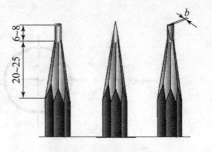

图 1－40　铅笔削法

4．徒手绘图

依靠目测来估计物体各部分的尺寸比例、徒手绘制的图样称为草图。在设计、测绘、修配机器时，都要绘制草图。所以，徒手绘图是和使用仪器绘图同样重要的绘图技能。

绘制草图时使用软一些的铅笔（如 HB、B 或者 2B），铅笔削长一些，铅芯呈圆形，粗细各一支，分别用于绘制粗、细线。

画草图时，可以用有方格的专用草图纸，或者在白纸下面垫一张有格子的纸，以便控制图线的平直和图形的大小。

（1）直线的画法。画直线时，可先标出直线的两端点，在两点之间先画一些短线，再连成一条直线。运笔时手腕要灵活，目光应注视线的端点，不可只盯着笔尖。

画水平线应自左至右画出；垂直线自上而下画出；斜线斜度较大时可自左向右下或自右向左下画出，如图 1－41 所示。

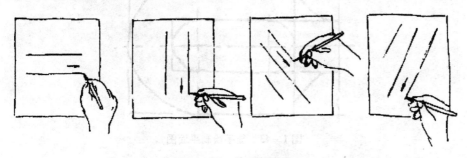

图 1－41　徒手绘直线

（2）圆的画法。画圆时，应先画中心线。四点画小圆；八点画中圆；小指支撑于圆心，转动图纸画大圆。

也可在一纸条上作出半径长度的记号，使其一端置于圆心，另一端置于铅笔，旋转纸条，便可以画出所需圆。如图 1－42 所示。

（3）徒手绘制平面图形。徒手绘制平面图形时，也和使用尺、圆规作图时一样，要进行图形的尺寸分析和线段分析，先画已知线段，再画中间线段，最后画连接线段。在方格纸上画平面图形时，主要轮廓线和定位中心线应尽可能利用方格纸上的线条，图形各部分之间的比例可按方格纸上的格数来确定。图 1－43 所示为徒手在方格纸上画平面图形的示例。

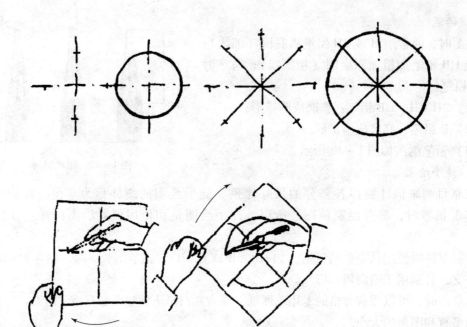

图 1 - 42 徒手绘制圆形

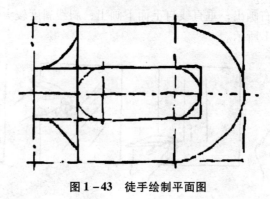

图 1 - 43 徒手绘制平面图

二、平面图形的绘图方法和步骤

1. 绘图前的准备工作

（1）准备绘图场所、绘图工具和图纸；

（2）分析图形的线段和尺寸，拟定画图顺序；

（3）确定比例，选用图幅，固定图纸；

（4）画出图框和标题栏。

2. 画底稿

底稿要求位置恰当，所有图线粗细一致，准确清晰，整洁干净。画底稿的步骤如下：

（1）画出基准线、定位线，确定画图位置；

（2）依顺序画出已知线段、中间线段和连接线段；

（3）检查底稿，改正错误，擦去不必要的图线和污迹；

（4）画出尺寸界线和尺寸线。

3．铅笔描深

描深底稿的步骤顺序：

（1）先曲（圆及圆弧）后直，先粗（虚线、点画线、细实线）后细，先水平后垂斜；

（2）先标尺寸界线、尺寸线、箭头，图形加深完后再写数字、标题栏。

三、绘制吊钩平面图

A4 图纸一张，按尺寸绘出吊钩平面图，并标注尺寸，填写标题栏，如图 1 – 44 所示。

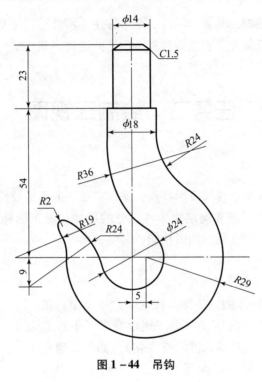

图 1 – 44　吊钩

任务评价

采用教师讲评与学生互评相结合。评价内容：活动是否积极，是否能正确使用绘图工具，作图步骤是否正确，图形是否正确，线条是否规范，布图是否合理。将绘制的平面图形评分，计入平时成绩。

实作练习

1．绘制各类线型。

2．标注尺寸练习。

3．几何作图练习。

4．绘制平面图形。

组合体三视图的绘制

三视图是工程图的基础，是表达零件的基本方法，零件形状按功能不同而千差万别，学习组合体三视图的目的就是为了表达各种复杂形体的结构形状。

任务二　绘制三视图

学习目标

正确理解正投影的基本原理与投影特性；掌握三视图的形成及投影规律，在三视图中能分辨物体的方位，在图中能准确确定物体各部分的尺寸；能正确确定物体三视图的表达方案，并做到图线正确，培养三视图绘图技能。

任务设计

如图 2 - 1 所示为一物体的立体图。在这个立体图中，虽然立体感较强，但立体的形状发生了变形（矩形变成了平行四边形，直角也发生了改变，各边的长度均有变化）。如何准确表达立体的结构形状？用三视图可以很好地解决这一问题。通过绘制三视图，不仅为今后机件的表达方法打下坚实的基础，同时也提高了学生空间与平面图形相结合的能力，便于识图。

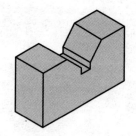

图 2 - 1　V 形铁

相关知识

一、投影法基本知识

1. 投影法的概念

在日常生活中，人们看到太阳光或灯光照射物体时，在地面或墙壁上出现物体的影子，这就是一种投影现象。我们把光线称为投射线（或叫投影线），地面或墙壁称为投影面，影子称为物体在投影面上的投影。

下面进一步从几何观点来分析投影的形成。设空间有一定点 S 和任一点 A，以及不通过点 S 和点 A 的平面 P，如图 2 - 2

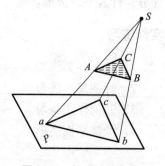

图 2 - 2　投影法的概念

所示，从点 S 经过点 A 作直线 SA，直线 SA 必然与平面 P 相交于一点 a，则称点 a 为空间任一点 A 在平面 P 上的投影，称定点 S 为投影中心，称平面 P 为投影面，称直线 SA 为投影线。据此，要作出空间物体在投影面上的投影，其实质就是通过物体上的点、线、面作出一系列的投影线与投影面的交点，并根据物体上的线、面关系，对交点进行恰当的连线。

如图 2-2 所示，作 $\triangle ABC$ 在投影面 P 上的投影。先自点 S 过点 A、B、C 分别作直线 SA、SB、SC 与投影面 P 的交点 a、b、c，再过点 a、b、c 作直线，连成 $\triangle abc$，$\triangle abc$ 即为空间的 $\triangle ABC$ 在投影面 P 上的投影。

上述这种用投射线（投影线）通过物体，向选定的面投影，并在该面上得到图形的方法称为投影法。

2. 投影法的种类及应用

（1）中心投影法。投影中心距离投影面在有限远的地方，投影时投影线汇交于投影中心的投影法称为中心投影法，如图2-3所示。

缺点：中心投影不能真实地反映物体的形状和大小，不适用于绘制机械图样。

优点：有立体感，工程上常用这种方法绘制建筑物的透视图。

（2）平行投影法。投影中心距离投影面在无限远的地方，投影时投影线都相互平行的投影法称为平行投影法，如图2-4所示。

根据投影线与投影面是否垂直，平行投影法又可以分为两种：

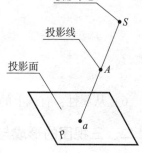

图 2-3 中心投影法

①斜投影法：投影线与投影面相倾斜的平行投影法，如图2-4（a）所示。

②正投影法：投影线与投影面相垂直的平行投影法，如图2-4（b）所示。

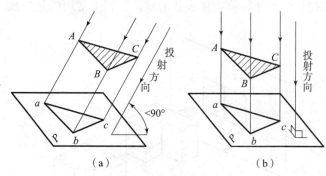

图 2-4 平行投影法

（a）斜投影法；（b）正投影法

正投影法优点：能够表达物体的真实形状和大小，作图方法也较简单，所以广泛用于绘制机械图样。

3. 投影的基本特性

（1）实形性（真迹性）：线段或平面图形平行于投影面，其投影反映实形或实长。

（2）积聚性：直线或平面图形平行于投射线，其投影积聚成点或直线。

（3）类似性（同形性）：当直线或平面图形不平行、也不垂直投影面时，直线的投影仍为直线，平面图形的投影是原图形的类似形。正投影时，其投影小于实长或实形。

（4）平行性：两相互平行直线，其投影平行。

（5）定比性：两平行线段长度之比，等于其投影长之比。图2-5所示平行投影法的投影特性直线上两线段长度之比，等于其投影长之比。

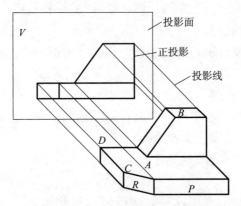

图2-5 平行投影法的投影特性

（6）从属性：直线上的点或平面上的点和直线，其投影必在直线或平面的投影上。

二、三视图的形成与投影规律

在机械制图中，通常假设人的视线为一组平行的，且垂直于投影面的投影线，这样在投影面上所得到的正投影称为视图。

一般情况下，一个视图不能确定物体的形状。如图2-6所示，两个形状不同的物体，它们在投影面上的投影都相同。因此，要反映物体的完整形状，必须增加由不同投影方向所得到的几个视图，互相补充，才能将物体表达清楚。工程上常用的是三视图。

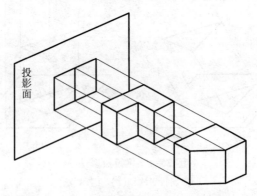

图2-6 一个视图不能确定物体的形状

1. 三投影面体系与三视图的形成

（1）三投影面体系的建立。三投影面体系由三个互相垂直的投影面所组成，如图2-7所示。

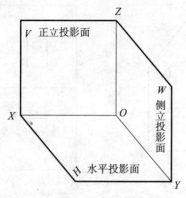

图2－7　三投影面体系

在三投影面体系中，三个投影面分别为：

正立投影面：简称为正面，用 V 表示；

水平投影面：简称为水平面，用 H 表示；

侧立投影面：简称为侧面，用 W 表示。

三个投影面的相互交线，称为投影轴。它们分别为：

OX 轴：是 V 面和 H 面的交线，它代表长度方向；

OY 轴：是 H 面和 W 面的交线，它代表宽度方向；

OZ 轴：是 V 面和 W 面的交线，它代表高度方向；

三个投影轴垂直相交的交点 O，称为原点。

（2）三视图的形成。将物体放在三投影面体系中，物体的位置处在人与投影面之间，然后将物体对各个投影面进行投影，得到三个视图，这样才能把物体的长、宽、高三个方向，上下、左右、前后六个方位的形状表达出来，如图2－8（a）所示。三个视图分别为：

①主视图：从前往后进行投影，在正立投影面（V 面）上所得到的视图。

②俯视图：从上往下进行投影，在水平投影面（H 面）上所得到的视图。

③左视图：从左往右进行投影，在侧平投影面（W 面）上得到的视图。

（3）三投影面体系的展开。在实际作图中，为了画图方便，需要将三个投影面在一个平面（纸面）上表示出来，规定：使 V 面不动，H 面绕 OX 轴向下旋转 90° 与 V 面重合，W 面绕 OZ 轴向右旋转 90° 与 V 面重合，这样就得到了在同一平面上的三视图，如图2－8（b）所示。可以看出，俯视图在主视图的下方，左视图在主视图的右方。在这里应特别注意的是：同一条 OY 轴旋转后出现了两个位置，因为 OY 是 H 面和 W 面的交线，也就是两投影面的共有线，所以 OY 轴随着 H 面旋转到 OY_H 的位置，同时又随着 W 面旋转到 OY_W 的位置。为了作图简便，投影图中不必画出投影面的边框，如图2－8（c）所示。由于画三视图时主要依据投影规律，所以投影轴也可以进一步省略，如图2－8（d）所示。

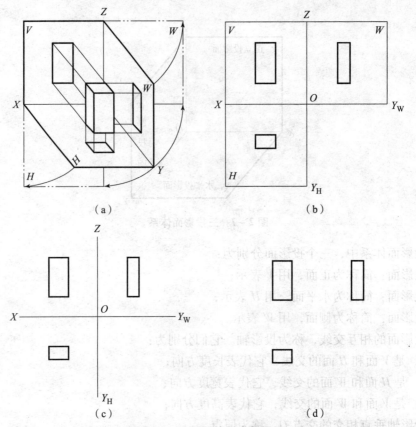

（a）   （b）

（c）   （d）

图 2-8　三视图的形成与展开

（a）投影；（b）三面体系展开；（c）边框去掉；（d）投影轴省略

2. 三视图的投影规律

从图 2-9 可以看出，一个视图只能反映两个方向的尺寸，主视图反映了物体的长度和高度，俯视图反映了物体的长度和宽度，左视图反映了物体的宽度和高度。由此可以归纳出三视图的投影规律：

主、俯视图"长对正"（即等长）；

主、左视图"高平齐"（即等高）；

俯、左视图"宽相等"（即等宽）。

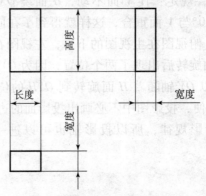

图 2-9　视图间的"三等"关系

三视图的投影规律反映了三视图的重要特性，也是画图和读图的依据。无论是整个物体还是物体的局部，其三面投影都必须符合这一规律。

3．三视图与物体方位的对应关系

物体有长、宽、高三个方向的尺寸，有上下、左右、前后六个方位关系，如图2－10（a）所示。六个方位在三视图中的对应关系如图2－10（b）所示。

主视图反映了物体的上下、左右四个方位关系；

俯视图反映了物体的前后、左右四个方位关系；

左视图反映了物体的上下、前后四个方位关系。

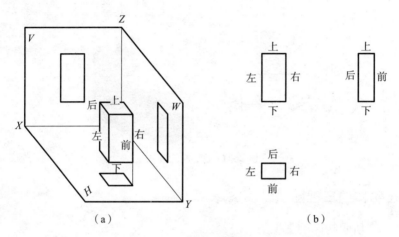

（a）　　　　　　　　　　　　　　　　（b）

图2－10　三视图的方位关系

（a）立体图；（b）投影图

注意：以主视图为中心，俯视图、左视图靠近主视图的一侧为物体的后面，远离主视图的一侧为物体的前面。

任务实施

一、确定画物体三视图的方案

对给出的物体不要急于画图，应先弄清楚物体的形状、结构特征、各部分尺寸，然后制定出多种三视图方案，从中选择最好的三视图表达方案，再正式画图。

（1）确定表达方案的原则。先把物体摆平放正，把物体上最能反映形状结构特征的那个方向作为画主视图的方向，同时尽可能减少俯、左视图中的虚线，使图线清晰合理。

（2）画线原则。可见轮廓线粗实线，不可见轮廓线虚线，对称图形应画出对称中心线，孔与轴应画轴线。

（3）确定各视图的位置。根据图纸和视图尺寸的大小确定各视图的位置，画出主要基准线，要注意各视图之间应留有一定的距离。

（4）根据物体三面投影规律，一般宜先画出具有真实性或积聚性的表面。

（5）画图时一般从主视图开始，并按先大后小、先主后次的作图顺序绘制三视图。

二、画三视图的步骤

三视图的绘图步骤如图 2 – 11 所示。

（1）画直角弯板的三面投影。主视图→俯视图→左视图。

（2）画切角的三面投影。俯视图→主视图→左视图。

（3）画切槽的三面投影。左视图→主视图→俯视图。

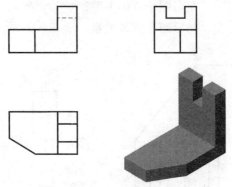

图 2 – 11　绘制三视图

三、画出物体的三视图

画出图 2 – 12 所示物体的三视图。

图 2 – 12　画三视图

任务评价

采用教师讲评与学生互评相结合。评价内容：活动是否积极，表达方案是否合理，图线是否正确，投影有无错误，三个视图的投影规律是否展现，布图是否合理。将绘制的三视图评分，计入平时成绩。

实作练习

1. 练习画出物体的单面视图。
2. 练习通过三视图找出正确的立体图。
3. 找出物体三视图的漏线。
4. 根据立体图和两面视图，补画第三面视图。
5. 根据已知两面视图，补画第三面视图。

任务三　基本体表面上求点

学习目标

巩固三视图基本知识，加深对三视图投影规律的理解；熟悉点、线、面的投影，在面上熟练作出点、线的投影；掌握基本体的线面分析与绘图方法，正确绘制基本体的三视图；学会基本体表面上点、线的求作方法。

任务设计

如图3-1所示为六棱柱和圆柱等物体的立体图。在机器设备中，很少有单独的圆柱与棱柱，往往是各种基本形体经挖槽、钻孔或组合而成。从图中可以看出，这些切口或孔洞边缘均在立体表面上，并且这些边界由一些物体表面上的点组成。解决的办法是作出这些点的投影，连接这些点，形成接头或切口形状，复杂的问题就得以解决。下面将学习立体表面上各种点的求作，为今后的学习打下坚实的基础。

图3-1　基本形体上的点与线

相关知识

一、点的投影

（一）点的投影及其标记

当投影面和投影方向确定时，空间一点只有唯一的一个投影。如图3-2（a）所示，假设空间有一点 A，过点 A 分别向 H 面、V 面和 W 面作垂线，得到三个垂足 a、a'、a''，便是点 A 在三个投影面上的投影。

规定用大写字母（如 A）表示空间点，它的水平投影、正面投影和侧面投影，分别用相应的小写字母（如 a、a' 和 a''）表示。

注意：要与平面直角坐标系相区别。

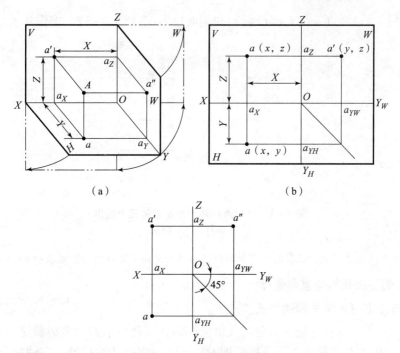

图 3-2 点的两面投影

（a）A 点的投影；（b）展开图；（c）去边框线

（二）点的三面投影规律

1. 点的投影与点的空间位置的关系

从图 3-2（a）、（b）可以看出，Aa、Aa'、Aa'' 分别为点 A 到 H、V、W 面的距离，即：

$Aa = a'a_x = a''a_y$（即 $a''a_{YW}$），反映空间点 A 到 H 面的距离；

$Aa' = a\,a_x = a''a_z$，反映空间点 A 到 V 面的距离；

$Aa'' = a'a_z = aa_y$（即 a_{YH}），反映空间点 A 到 W 面的距离。

上述即是点的投影与点的空间位置的关系，根据这个关系，若已知点的空间位置，就可以画出点的投影。反之，若已知点的投影，就可以完全确定点在空间的位置。

2. 点的三面投影规律

由图 3-2 中还可以看出：

$aa_{YH} = a'a_z$ 　　即 $a'a \perp OX$；

$a'a_x = a''a_{YW}$ 　　即 $a'a'' \perp OZ$；

$aa_x = a''a_z$。

这说明点的三个投影不是孤立的，而是彼此之间有一定的位置关系。而且这个关系不因空间点的位置改变而改变，因此可以把它概括为普遍性的投影规律：

（1）点的正面投影和水平投影的连线垂直 OX 轴，即 $a'a \perp OX$；

（2）点的正面投影和侧面投影的连线垂直 OZ 轴，即 $a'a'' \perp OZ$；

（3）点的水平投影 a 到 OX 轴的距离等于侧面投影 a'' 到 OZ 轴的距离，即 $aa_x = a''a_z$。（可以用 45°辅助线或以原点为圆心作弧线来反映这一投影关系）

根据上述投影规律，若已知点的任何两个投影，就可求出它的第三个投影。

【例3-1】 已知点 A 的正面投影 a' 和侧面投影 a''（图3-3），求作其水平投影 a。

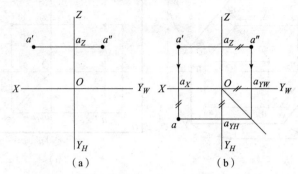

图3-3 已知点的两个投影求第三个投影

（a）题目；（b）解答

强调：一般在作图过程中，应自点 O 作辅助线（与水平方向夹角为45°），以表明 $aa_x = a''a_z$ 的关系。

（三）点的三面投影与直角坐标

点的三面投影与直角坐标的关系。

三投影面体系可以看成是一个空间直角坐标系，因此可用直角坐标确定点的空间位置。投影面 H、V、W 作为坐标面，三条投影轴 OX、OY、OZ 作为坐标轴，三轴的交点 O 作为坐标原点。

由图3-4可以看出 A 点的直角坐标与其三个投影的关系：

点 A 到 W 面的距离 $= Oa_x = a'a_z = aa_{YH} = x$ 坐标；

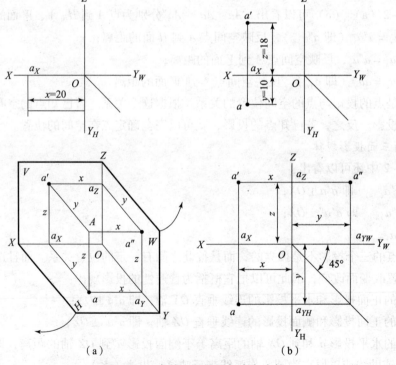

图3-4 点的三面投影与直角坐标

点 A 到 V 面的距离 $= Oa_{YH} = aa_x = a''a_z = y$ 坐标；

点 A 到 H 面的距离 $= Oa_z = a'a_x = a''a_{YW} = z$ 坐标。

用坐标来表示空间点位置比较简单，可以写成 A (x, y, z) 的形式。

由图 3−4（b）可知，坐标 x 和 z 决定点的正面投影 a'，坐标 x 和 y 决定点的水平投影 a，坐标 y 和 z 决定点的侧面投影 a''，若用坐标表示，则为 a $(x, y, 0)$，a' $(x, 0, z)$，a'' $(0, y, z)$。

因此，已知一点的三面投影，就可以量出该点的三个坐标；反之，已知一点的三个坐标，就可以量出该点的三面投影。

【例 3−2】 已知点 A 的坐标（20，10，18），作出点的三面投影，并画出其立体图。

其作图方法与步骤如图 3−5 所示。

立体图的作图步骤如图 3−6 所示。

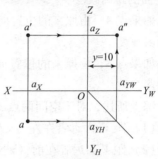

图 3−5 由点的坐标作点的三面投影

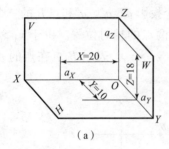 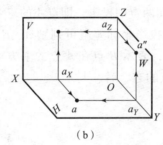 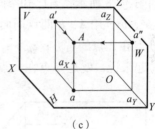

（a）　　　　　　　　　　（b）　　　　　　　　　　（c）

图 3−6 由点的坐标作立体图

（四）特殊位置点的投影

1. 在投影面上的点（有一个坐标为 0）

有两个投影在投影轴上，另一个投影和其空间点本身重合。例如，在 V 面上的点 A，如图 3−7（a）所示。

2. 在投影轴上的点（有两个坐标为 0）

有一个投影在原点上，另两个投影和其空间点本身重合。例如，在 OZ 轴上的点 B，如图 3−7（b）所示。

3. 在原点上的空间点（有三个坐标都为 0）

它的三个投影必定都在原点上，如图 3−7（c）所示。

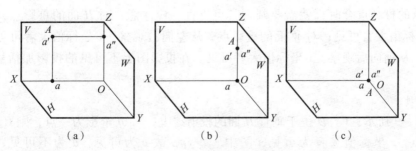

（a）　　　　　　　　　　（b）　　　　　　　　　　（c）

图 3−7 特殊位置点的投影

（五）两点的相对位置

1. 两点的相对位置

设已知空间点 A，由原来的位置向上（或向下）移动，则 z 坐标随着改变，也就是 A 点对 H 面的距离改变。

如果点 A，由原来的位置向前（或向后）移动，则 y 坐标随着改变，也就是 A 点对 V 面的距离改变。

如果点 A，由原来的位置向左（或向右）移动，则 x 坐标随着改变，也就是 A 点对 W 面的距离改变。

综上所述，对于空间两点 A、B 的相对位置：

（1）距 W 面远者在左（x 坐标大）；近者在左（x 坐标小）；

（2）距 V 面远者在前（y 坐标大）；近者在后（y 坐标小）；

（3）距 H 面远者在左（z 坐标大）；近者在左（z 坐标小）。

2. 举例

如图 3-8 所示，若已知空间两点的投影，即点 A 的三个投影 a、a'、a'' 和点 B 的三个投影 b、b'、b''，用 A、B 两点同面投影坐标差就可判别 A、B 两点的相对位置。由于 $x_A > x_B$，表示 B 点在 A 点的右方；$z_B > z_A$，表示 B 点在 A 点的上方；$y_A > y_B$，表示 B 点在点 A 后方。总起来说，就是 B 点在 A 点的右、后、上方。

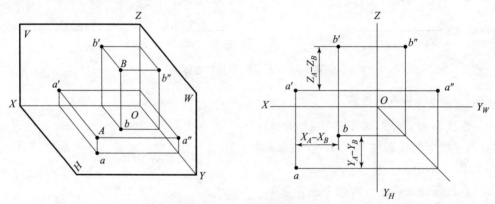

图 3-8　两点的相对位置

3. 重影点

若空间两点在某一投影面上的投影重合，则这两点是该投影面的重影点。这时，空间两点的某两坐标相同，并在同一投射线上。

当两点的投影重合时，就需要判别其可见性，应注意：对 H 面的重影点，从上向下观察，z 坐标值大者可见；对 W 面的重影点，从左向右观察，x 坐标值大者可见；对 V 面的重影点，从前向后观察，y 坐标值大者可见。在投影图上不可见的投影加括号表示，如 (a')。

4. 举例

如图 3-9 所示，C、D 位于垂直 H 面的投射线上，c、d 重影为一点，则 C、D 为对 H 面的重影点，z 坐标值大者为可见，图中 $z_C > z_D$，故 c 为可见，d 为不可见，用 $c(d)$ 表示。

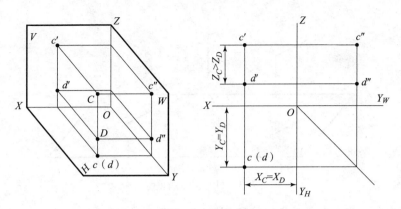

图 3-9 重影点

二、直线的投影

(一) 直线的投影图

空间一直线的投影可由直线上的两点（通常取线段两个端点）的同面投影来确定。如图 3-10 所示的直线 AB，求作它的三面投影图时，可分别作出 A、B 两端点的投影（a、a'、a''）、（b、b'、b''），然后将其同面投影连接起来即得直线 AB 的三面投影图（ab、$a'b'$、$a''b''$）。

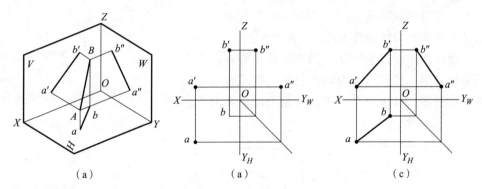

（a）   （a）   （c）

图 3-10 直线的投影

(二) 直线的投影特性

1. 直线对一个投影面的投影特性

空间直线相对于一个投影面的位置有平行、垂直、倾斜三种，三种位置有不同的投影特性。

①真实性。当直线与投影面平行时，则直线的投影为实长。如图 3-11（a）所示。

②积聚性。当直线与投影面垂直时，则直线的投影积聚为一点。如图 3-11（b）所示。

③收缩性。当直线与投影面倾斜时，则直线的投影小于直线的实长。如图 3-11（c）所示。

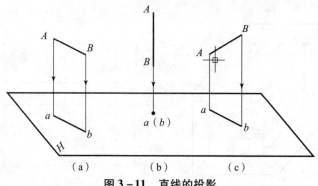

图 3 – 11   直线的投影

2. 直线在三投影面体系的投影特性

根据直线在三投影面体系中的位置可分为投影面倾斜线、投影面平行线、投影面垂直线三类。前一类直线称为一般位置直线，后两类直线称为特殊位置直线。

（1）投影面平行线。平行于一个投影面且同时倾斜于另外两个投影面的直线称为投影面平行线。平行于 V 面的称为正平线；平行于 H 面的称为水平线；平行于 W 面的称为侧平线。

直线与投影面所夹的角称为直线对投影面的倾角。α、β、γ 分别表示直线对 H 面、V 面、W 面的倾角。

强调：①斜线反映实长，如图 3 – 12 所示；

②直线的倾角 α、γ，如图 3 – 12 所示。

总结投影面平行线的投影特性：两平一斜。

对于投影面平行线的辨认：当直线的投影有两个平行于投影轴，第三投影与投影轴倾斜时，则该直线一定是投影面平行线，且一定平行于其投影为倾斜线的投影面。如图 3 – 13 所示。

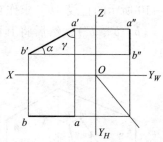

图 3 – 12   直线与投影面关系

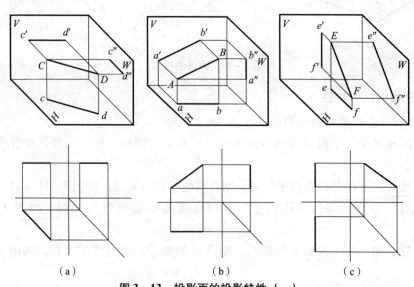

图 3 – 13   投影面的投影特性（一）

（a）水平线；（b）正平线；（c）侧平线

【**例3-3**】　如图3-14所示，已知空间点A，试作线段AB，长度为15 mm，并使其平行V面，与H面倾角$\alpha = 30°$（只需一解）。

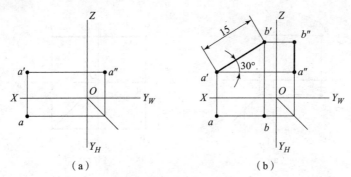

（a）　　　　　　　　　　　　　（b）

图3-14　作正平线AB

（a）题目；（b）解答

（2）投影面垂直线。垂直于一个投影面且同时平行于另外两个投影面的直线称为投影面垂直线。垂直于V面的称为正垂线；垂直于H面的称为铅垂线；垂直于W面的称为侧垂线。

强调：①两个投影反映实长；

②一个投影积聚为一点。

总结投影面平行线的投影特性：两线一点。

对于投影面垂直线的辨认：直线的投影中只要有一个投影积聚为一点，则该直线一定是投影面垂直线，且一定垂直于其投影积聚为一点的那个投影面。如图3-15所示。

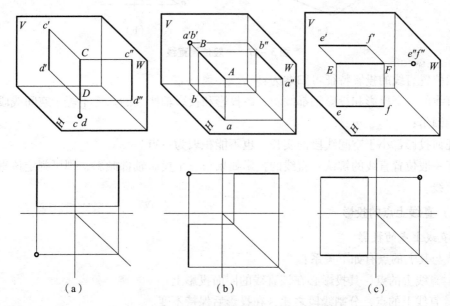

（a）　　　　　　　　　（b）　　　　　　　　　（c）

图3-15　投影面的投影特性（二）

（a）铅垂线；（b）正垂线；（c）侧垂线

【**例3-4**】　如图3-16所示，已知正垂线AB的点A的投影，直线AB长度为10 mm，试作直线AB的三面投影（只需一解）。

（3）一般位置直线。与三个投影面都处于倾斜位置的直线称为一般位置直线。

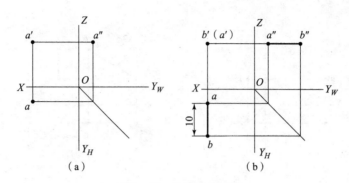

图 3 - 16　作正垂线 AB

(a) 题目；(b) 解答

举例：如图 3 - 17 (a) 所示，直线 AB 与 H、V、W 面都处于倾斜位置，倾角分别为 α、β、γ。其投影如图 3 - 17 (b) 所示。

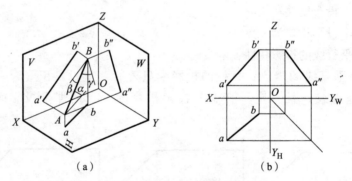

图 3 - 17　一般位置直线

一般位置直线的投影特征可归纳为：

①直线的三个投影和投影轴都倾斜，各投影和投影轴所夹的角度不等于空间线段对相应投影面的倾角；

②任何投影都小于空间线段的实长，也不能积聚为一点。

对于一般位置直线的辨认：直线的投影如果与三个投影轴都倾斜，则可判定该直线为一般位置直线。

（三）直线上点的投影

1. 直线上点的投影

直线与其上的点有如下关系：

（1）直线上的点，其投影必在该直线的同面投影上。

（2）直线上的点，分割线段之比，在投影后保持不变。

如图 3 - 18 所示直线 AB 上有一点 C，则 C 点的三面投影 c、c'、c'' 必定分别在该直线 AB 的同面投影 ab、a'b'、a''b'' 上。

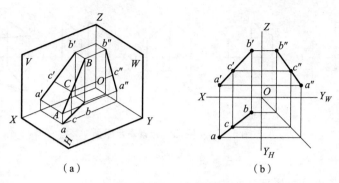

图 3 - 18　直线上点的投影

$AC : CB = ac : cb = a'c' : c'b' = a''c'' : c''b''$。

2. 求直线上点的投影

【例 3 - 5】　如图 3 - 19（a）所示，已知侧平线 AB 的两投影和直线上 K 点的正面投影 k'，求 K 点的水平投影 k。

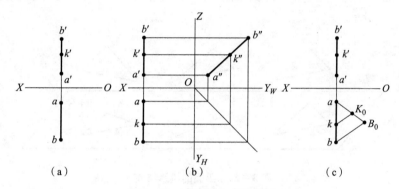

图 3 - 19　求直线上点的投影
（a）题目；（b）解法 1；（c）解法 2

三、平面的投影

（一）平面的表示法

在投影图上，通常用以下五组几何元素中的任一组表示一个平面的投影：

（1）不在同一直线上的三点，如图 3 - 20（a）所示。

（2）一直线和直线外一点，如图 3 - 20（b）所示。

（3）相交两直线，如图 3 - 20（c）所示。

（4）平行两直线，如图 3 - 20（d）所示。

（5）任意平面图形，如三角形、四边形、圆形等，如图 3 - 20（e）所示。

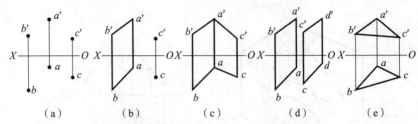

（a）　　　（b）　　　（c）　　　（d）　　　（e）

图 3 - 20　用几何元素表示平面

注意：为了解题的方便，常常用一个平面图形（如三角形）表示平面。

（二）平面对于一个投影面的投影特性

空间平面相对于一个投影面的位置有平行、垂直、倾斜三种，三种位置有不同的投影特性。

（1）真实性。当平面与投影面平行时，则平面的投影为实形，如图 3 - 21（a）所示。

（2）积聚性。当平面与投影面垂直时，则平面的投影积聚成一条直线，如图 3 - 21（b）所示。

（3）类似性。当直线或平面与投影面倾斜时，则平面的投影是小于平面实形的类似形，如图 3 - 21（c）所示。

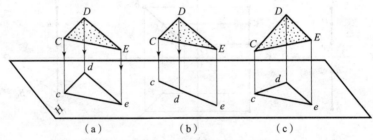

（a）　　　　　　（b）　　　　　　（c）

图 3 - 21　平面的投影特性

（三）平面对于三投影面体系的投影特性

根据平面在三投影面体系中的位置可分为投影面倾斜面、投影面平行面、投影面垂直面三类。前一类平面称为一般位置平面，后两类平面称为特殊位置平面。

（1）投影面垂直面。垂直于一个投影面且同时倾斜于另外两个投影面的平面称为投影面垂直面。垂直于 V 面的称为正垂面；垂直于 H 面的称为铅垂面；垂直于 W 面的称为侧垂面。平面与投影面所夹的角度称为平面对投影面的倾角。α、β、γ 分别表示平面对 H 面、V 面、W 面的倾角。

强调：①两个投影均为类似形，如图 3 - 22 所示；

②一个投影积聚为直线，并反映 β、γ 角，如图 3 - 22 所示。

总结投影面平行线的投影特性：两面一线，如图 3 - 23 所示。

对于投影面垂直面的辨认：如果空间平面在某一投影面上的投影积聚为一条与投影轴倾斜的直线，则此平面垂直于该投影面。

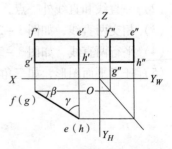

图 3 - 22　投影面垂直面的关系

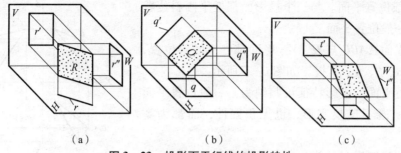

图 3 - 23　投影面平行线的投影特性

（a）铅垂面；（b）正垂面；（c）侧垂面

【例 3 - 6】　如图 3 - 24（a）所示，四边形 $ABCD$ 垂直于 V 面，已知 H 面的投影 $abcd$ 及 B 点的 V 面投影 b'，且于 H 面的倾角 $\alpha = 45°$，求作该平面的 V 面和 W 面投影。

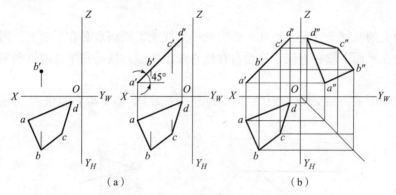

图 3 - 24　作四边形平面 $ABCD$ 的投影

（a）题目；（b）解答

（2）投影面平行面。平行于一个投影面且同时垂直于另外两个投影面的平面称为投影面平行面。平行于 V 面的称为正平面；平行于 H 面的称为水平面；平行于 W 面的称为侧平面；

强调：①两个投影积聚为直线，如图 3 - 25 所示；

②一个投影反映实形，如图 3 - 25 所示。

总结投影面平行线的投影特性：两线一面。

对于投影面垂直面的辨认：如果空间平面在某一投影面上的投影积聚为一条与投影轴倾斜的直线，则此平面垂直于该投影面。如图 3 - 26 所示。

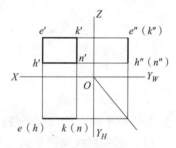

图 3 - 25　两投影的关系

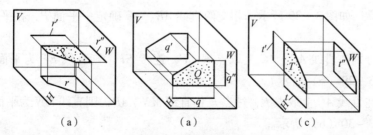

图 3 - 26　投影面平行线

（a）水平面；（b）正平面；（c）侧平面

（3）一般位置平面。与三个投影面都处于倾斜位置的平面称为一般位置平面。

例如，平面 △ABC 与 H、V、W 面都处于倾斜位置，倾角分别为 α、β、γ。其投影如图 3 – 27 所示。

一般位置平面的投影特征可归纳为：一般位置平面的三面投影，既不反映实形，也无积聚性，而都为类似形。

对于一般位置平面的辨认：如果平面的三面投影都是类似的几何图形的投影，则可判定该平面一定是一般位置平面。

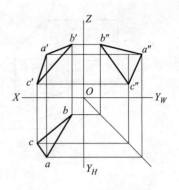

图 3 – 27　一般位置平面

（四）平面上的点和直线

1. 平面上的点

点在平面上的几何条件是：点在平面内的一直线上，则该点必在平面上。因此在平面上取点，必须先在平面上取一直线，然后再在该直线上取点。这是在平面的投影图上确定点所在位置的依据。

如图 3 – 28 所示，相交两直线 AB、AC 确定一平面 P，点 S 取自直线 AB，所以点 S 必在平面 P 上。

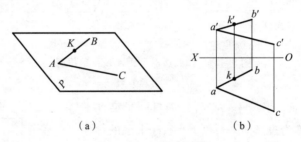

（a）　　　　　　　　　　（b）

图 3 – 28　平面上的点

2. 平面上的直线

直线在平面上的几何条件：

（1）若一直线通过平面上的两个点，则此直线必定在该平面上。

（2）若一直线通过平面上的一点并平行于平面上的另一直线，则此直线必定在该平面上。

【例 3 – 7】　如图 3 – 29 所示，相交两直线 AB、AC 确定一平面 P，在平面内任作一条直线。

解法一：分别在直线 AB、AC 上取点 E、F，连接 EF，则直线 EF 为平面 P 上的直线。作图方法如图 3 – 29（b）所示。

解法二：在直线 AC 上取点 E，过点 E 作直线 MN∥AB，则直线 MN 为平面 P 上的直线。作图方法如图 3 – 30（b）所示。

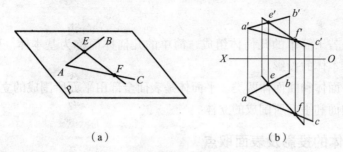

图 3 – 29　平面上的直线（一）

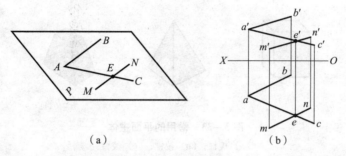

图 3 – 30　平面上的直线（二）

【例 3 – 8】　如图 3 – 31 所示，过 A 点在平面内要作一条水平线 AD。

可过 a' 作 $a'd'$ ∥ OX 轴，再求出它的水平投影 ad，$a'd'$ 和 ad 即为 △ABC 上一水平线 AD 的两面投影。

如过 C 点在平面内要作一正平线 CE，可过 c 作 ce ∥ OX 轴，再求出它的正面投影 $c'e'$，$c'e'$ 和 ce 即为 △ABC 上一正平线 CE 的两面投影。

【例 3 – 9】　如图 3 – 32 所示，△ABC 平面如图所示，要求在 △ABC 平面上取一点 K，使 K 点在 A 点之下 15 mm，在 A 点之前 10 mm，试求出 K 点的两面投影。

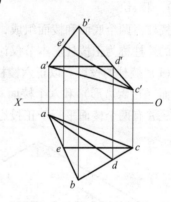

图 3 – 31　在平面内作一条水平线

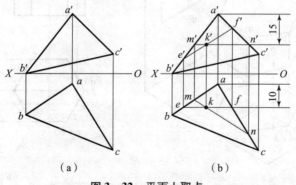

图 3 – 32　平面上取点

（a）题目；（b）解答

任务实施

一般机件均由若干简单的几何体组成，简单的几何体简称为基本体。要研究机件的投影，首先得研究基本体的投影。

基本体分为平面体和曲面体两类。平面体是表面全部由平面所围成的立体；曲面体是表面全部由曲面或曲面和平面所围成的立体。

一、平面立体的投影及表面取点

工程上常用的平面立体是棱柱（主要是直棱柱）棱锥、棱台，如图 3 – 33 所示。

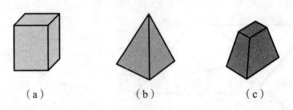

（a） （b） （c）

图 3 – 33　常用的平面主体

（a）棱柱；（b）棱锥；（c）棱台

1. 棱柱

棱柱由两个底面和棱面组成，棱面与棱面的交线称为棱线，棱线互相平行。棱线与底面垂直的棱柱称为正棱柱。本节仅讨论正棱柱的投影。

（1）棱柱的投影。以正六棱柱为例。如图 3 – 34（a）所示为一正六棱柱，由上、下两个底面（正六边形）和六个棱面（长方形）组成。设将其放置成上、下底面与水平投影面平行，并有两个棱面平行于正投影面。

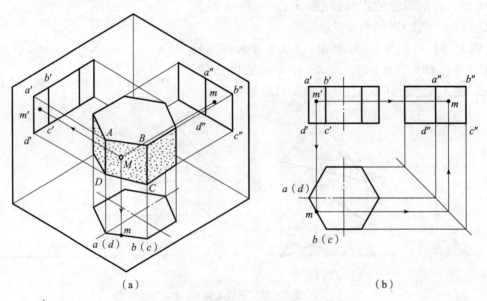

（a） （b）

图 3 – 34　正六棱柱的投影及表面上的点

（a）立体图；（b）投影图

上、下两底面均为水平面，它们的水平投影重合并反映实形，正面及侧面投影积聚为两条相互平行的直线。六个棱面中的前、后两个为正平面，它们的正面投影反映实形，水平投影及侧面投影积聚为一直线。其他四个棱面均为铅垂面，其水平投影均积聚为直线，正面投影和侧面投影均为类似形。

总结正棱柱的投影特征：当棱柱的底面平行某一个投影面时，则棱柱在该投影面上投影的外轮廓为与其底面全等的正多边形，而另外两个投影则由若干个相邻的矩形线框所组成。

（2）棱柱表面上点的投影。方法：利用点所在的面的积聚性法。（因为正棱柱的各个面均为特殊位置面，均具有积聚性。）

平面立体表面上取点实际就是在平面上取点。首先应确定点位于立体的哪个平面上，并分析该平面的投影特性，然后再根据点的投影规律求得。

如图 3－35（b）所示，已知棱柱表面上点 M 的正面投影 m'，求作它的其他两面投影 m、m"。因为 m'可见，所以点 M 必在面 ABCD 上。此棱面是铅垂面，其水平投影积聚成一条直线，故点 M 的水平投影 m 必在此直线上，再根据 m、m'可求出 m"。由于 ABCD 的侧面投影为可见，故 m"也为可见。

特别强调：点与积聚成直线的平面重影时，不加括号。

2．棱锥

（1）棱锥的投影。以正三棱锥为例。如图 3－35（a）所示为一正三棱锥，它的表面由一个底面（正三边形）和三个侧棱面（等腰三角形）围成，设将其放置成底面与水平投影面平行，并有一个棱面垂直于侧投影面。

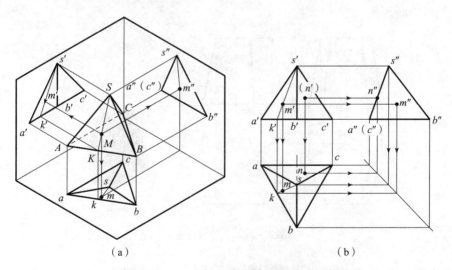

（a）　　　　　　　　　（b）

图 3－35　正三棱锥的投影及表面上的点
（a）立体图；（b）投影图

由于锥底面△ABC 为水平面，所以它的水平投影反映实形，正面投影和侧面投影分别积聚为直线段 a'b'c'和 a"（c"）b"。棱面△SAC 为侧垂面，它的侧面投影积聚为一段斜线 s"a"（c"），正面投影和水平投影为类似形△s'a'c'和△sac，前者为不可见，后者可见。棱面△SAB 和△SBC 均为一般位置平面，它们的三面投影均为类似形。棱线 SB 为侧平线，棱线

SA、*SC* 为一般位置直线，棱线 *AC* 为侧垂线，棱线 *AB*、*BC* 为水平线。

总结正棱锥的投影特征：当棱锥的底面平行某一个投影面时，则棱锥在该投影面上投影的外轮廓为与其底面全等的正多边形，而另外两个投影则由若干个相邻的三角形线框所组成。

（2）棱锥表面上点的投影。

方法：①利用点所在的面的积聚性法。

②辅助线法。首先确定点位于棱锥的哪个平面上，再分析该平面的投影特性。若该平面为特殊位置平面，可利用投影的积聚性直接求得点的投影；若该平面为一般位置平面，可通过辅助线法求得。

如图 3 – 35（b）所示，已知正三棱锥表面上点 *M* 的正面投影 *m'* 和点 *N* 的水平面投影 *n*，求作 *M*、*N* 两点的其余投影。

因为 *m'* 可见，因此点 *M* 必定在 △*SAB* 上。△*SAB* 是一般位置平面，采用辅助线法，过点 *M* 及锥顶点 *S* 作一条直线 *SK*，与底边 *AB* 交于点 *K*。图 3 – 36 中即过 *m'* 作 *s'k'*，再作出其水平投影 *sk*。由于点 *M* 属于直线 *SK*，根据点在直线上的从属性质可知 *m* 必在 *sk* 上，求出水平投影 *m*，再根据 *m*、*m'* 可求出 *m″*。

因为点 *N* 不可见，故点 *N* 必定在棱面 △*SAC* 上。棱面 △*SAC* 为侧垂面，它的侧面投影积聚为直线段 *s″a″*（*c″*），因此 *n″* 必在 *s″a″*（*c″*）上，由 *n*、*n″* 即可求出 *n'*。

3．棱锥台的投影

以正五棱锥台为例。如图 3 – 36 所示为一正五棱锥台，它的表面由一个底面（正五边形）和三个侧棱面（等腰梯形）围成，设将其放置成底面与水平投影面平行，并有一个棱面垂直于侧投影面。

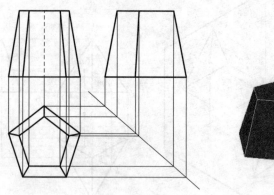

图 3 – 36　正五棱锥台

二、曲面立体的投影及表面取点

曲面立体的曲面是由一条母线（直线或曲线）绕定轴回转而形成的。在投影图上表示曲面立体就是把围成立体的回转面或平面与回转面表示出来。

工程上常见的回转体有圆柱、圆锥、圆球、圆环等，如图 3 – 37 所示。

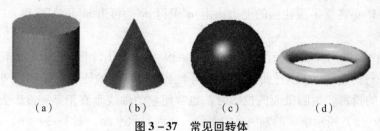

图 3 – 37　常见回转体

（a）圆柱；（b）圆锥；（c）圆球；（d）圆环

1. 圆柱

圆柱表面由圆柱面和两底面所围成。圆柱面可看作一条直母线 AB 围绕与它平行的轴线 OO_1 回转而成。圆柱面上任意一条平行于轴线的直线，称为圆柱面的素线。

（1）圆柱的投影。画图时，一般常使它的轴线垂直于某个投影面。

如图 3 – 38 所示，圆柱的轴线垂直于侧面，圆柱面上所有素线都是侧垂线，因此圆柱面的侧面投影积聚成为一个圆。圆柱左、右两个底面的侧面投影反映实形并与该圆重合。两条相互垂直的点画线，表示确定圆心的对称中心线。圆柱面的正面投影是一个矩形，是圆柱面前半部与后半部的重合投影，其左右两边分别为左右两底面的积聚性投影，上、下两边 $a'a'_1$、$b'b'_1$ 分别是圆柱最上、最下素线的投影。最上、最下两条素线 AA_1、BB_1 是圆柱面由前向后的转向线，是正面投影中可见的前半圆柱面和不可见的后半圆柱面的分界线，也称为正面投影的转向轮廓素线。同理，可对水平投影中的矩形进行类似的分析。

总结圆柱的投影特征：当圆柱的轴线垂直某一个投影面时，必有一个投影为圆形，另外两个投影为全等的矩形。

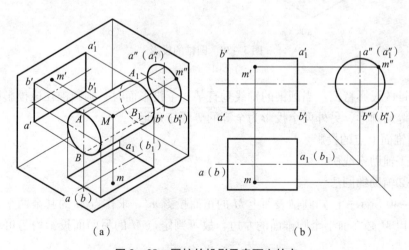

图 3 – 38　圆柱的投影及表面上的点

（a）立体图；（b）投影图

（2）圆柱面上点的投影。方法：利用点所在的面的积聚性法。（因为圆柱的圆柱面和两底面均至少有一个投影具有积聚性。）

如图 3 – 38（b）所示，已知圆柱面上点 M 的正面投影 m'，求作点 M 的其余两个投影。

因为圆柱面的投影具有积聚性，圆柱面上点的侧面投影一定重影在圆周上。又因为 m'

可见，所以点 M 必在前半圆柱面的上边，由 m' 求得 m''，再由 m' 和 m'' 求得 m。

2. 圆锥

圆锥表面由圆锥面和底面所围成。如图 3-39（a）所示，圆锥面可看作是一条直母线 SA 围绕与它平行的轴线 SO 回转而成。在圆锥面上通过锥顶的任一直线称为圆锥面的素线。

（1）圆锥的投影。画圆锥面的投影时，也常使它的轴线垂直于某一投影面。

如图 3-39（a）所示圆锥的轴线是铅垂线，底面是水平面，图 3-39（b）是它的投影图。圆锥的水平投影为一个圆，反映底面的实形，同时也表示圆锥面的投影。圆锥的正面、侧面投影均为等腰三角形，其底边均为圆锥底面的积聚投影。正面投影中三角形的两腰 $s'a'$、$s'c'$ 分别表示圆锥面最左、最右轮廓素线 SA、SC 的投影，他们是圆锥面正面投影可见与不可见的分界线。SA、SC 的水平投影 sa、sc 和横向中心线重合，侧面投影 $s''a''$（c''）与轴线重合。同理可对侧面投影中三角形的两腰进行类似的分析。边画图边讲解作图方法与步骤。

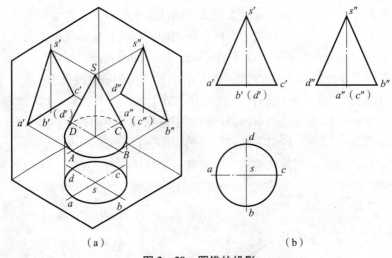

图 3-39 圆锥的投影

（a）立体图；（b）投影图

总结圆锥的投影特征：当圆锥的轴线垂直某一个投影面时，则圆锥在该投影面上投影为与其底面全等的圆形，另外两个投影为全等的等腰三角形。

（2）圆锥面上点的投影。

方法：①辅助素线法。

②辅助纬圆法。

如图 3-40 所示，已知圆锥表面上 M 的正面投影 m'，求作点 M 的其余两个投影。因为 m' 可见，所以 M 必在前半个圆锥面的左边，故可判定点 M 的另两面投影均为可见。作图方法有两种：

作法一：辅助素线法。如图 3-40（a）所示，过锥顶 S 和 M 作一直线 SA，与底面交于点 A。点 M 的各个投影必在此 SA 的相应投影上。在图 3-40（b）中过 m' 作 $s'a'$，然后求出其水平投影 sa。由于点 M 属于直线 SA，根据点在直线上的从属性质可知 m 必在 sa 上，求出水平投影 m，再根据 m、m' 可求出 m''。边画图边讲解作图方法与步骤。

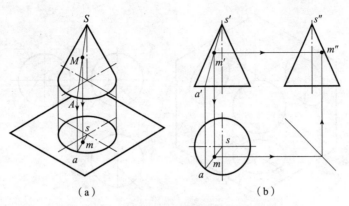

图 3 – 40　用辅助素线法在圆锥面上取点
（a）立体图；（b）投影图

作法二：辅助纬圆法。如图 3 – 41 （a）所示，过圆锥面上点 M 作一垂直于圆锥轴线的辅助圆，点 M 的各个投影必在此辅助圆的相应投影上。在图 3 – 41 （b）中过 m' 作水平线 a' b'，此为辅助圆的正面投影积聚线。辅助圆的水平投影为一直径等于 $a'b'$ 的圆，圆心为 s，由 m' 向下引垂线与此圆相交，且根据点 M 的可见性，即可求出 m。然后再由 m' 和 m 可求出 m''。边画图边讲解作图方法与步骤。

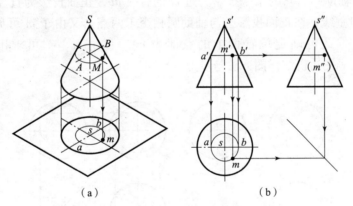

图 3 – 41　用辅助纬圆法在圆锥面上取点
（a）立体图；（b）投影图

3．圆球

圆球的表面是球面，如图 3 – 42 （a）所示，圆球面可看作是一条圆母线绕通过其圆心的轴线回转而成。

（1）圆球的投影。如图 3 – 42 （a）所示为圆球的立体图、如图 3 – 42 （b）所示为圆球的投影。圆球在三个投影面上的投影都是直径相等的圆，但这三个圆分别表示三个不同方向的圆球面轮廓素线的投影。正面投影的圆是平行于 V 面的圆素线 A（它是前面可见半球与后面不可见半球的分界线）的投影。与此类似，侧面投影的圆是平行于 W 面的圆素线 C 的投影；水平投影的圆是平行于 H 面的圆素线 B 的投影。这三条圆素线的其他两面投影，都与相应圆的中心线重合，不应画出。边画图边讲解作图方法与步骤。

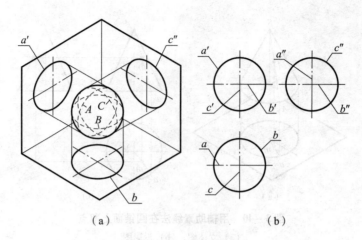

图 3 - 42　圆球的投影

（a）立体图；（b）投影图

（2）圆球面上点的投影。方法：辅助圆法。圆球面的投影没有积聚性，求作其表面上点的投影需采用辅助圆法，即过该点在球面上作一个平行于任一投影面的辅助圆。

如图 3 - 43（a）所示，已知球面上点 M 的水平投影，求作其余两个投影。过点 M 作一平行于正面的辅助圆，它的水平投影为过 m 的直线 ab，正面投影为直径等于 ab 长度的圆。自 m 向上引垂线，在正面投影上与辅助圆相交于两点。又由于 m 可见，故点 M 必在上半个圆周上，据此可确定位置偏上的点即为 m'，再由 m、m' 可求出 m"。如图 3 - 43（b）所示。边画图边讲解作图方法与步骤。

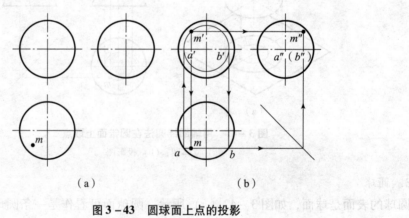

（a）　　　　　　　　　　　　（b）

图 3 - 43　圆球面上点的投影

三、基本体的尺寸标注

1. 平面立体的尺寸标注

平面立体一般标注长、宽、高三个方向的尺寸，如图 3 - 44 所示。其中正方形的尺寸可采用如图 3 - 44（f）所示的形式注出，即在边长尺寸数字前加注"□"符号。图 3 - 44（d）、（g）中加"（）"的尺寸称为参考尺寸。

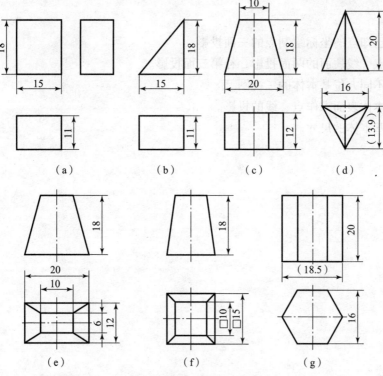

图3-44　平面立体的尺寸注法

2. 曲面立体的尺寸标注

圆柱和圆锥应注出底圆直径和高度尺寸，圆锥台还应加注顶圆的直径。直径尺寸应在其数字前加注符号"ϕ"，一般注在非圆视图上。这种标注形式用一个视图就能确定其形状和大小，其他视图就可省略，如图3-45（a）、（b）、（c）所示。

标注圆球的直径和半径时，应分别在"ϕ、R"前加注符号"S"，如图3-45（d）、（e）所示。

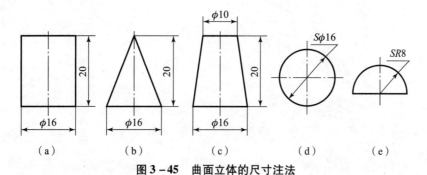

图3-45　曲面立体的尺寸注法

任务评价

采用教师批改、讲评与学生互评相结合。评价内容：活动是否积极，基本体投影是否正确，线面分析有无错误，表面及棱上的点投影是否正确，点的可见判断是否正确。投影是否满足投影规律，辅助线及图线运用是否合理。

实作练习

1. 通过已知点的坐标绘制点的三面投影。
2. 已知点、线、面的两面投影，补第三面投影。
3. 绘制不同方位基本体的三视图。
4. 在基本体表面求作点、线的投影。
5. 标注基本体的尺寸。

任务四　绘制立体表面交线

学习目标

巩固三视图的相关知识；知道截断体、相贯线相关概念，掌握截交线、相贯线特性。能熟练运用表面取点法求解截交线、相贯线，掌握相贯线的简单画法。

任务设计

如图 4 - 1 所示的顶尖，基本形状由大圆柱和圆锥两部分叠加，经切割而成，其轮廓线既包括基本体形状图线，又包括截交线。如图 4 - 2 所示为三通管立体图，由横、竖两圆管相交而成，其轮廓线既包括圆筒轮廓图线，又包括相贯线。这样的立体在现实生活中很多，要绘制这类立体的三视图，除了必备前面所学的三视图知识，还得学会截交线与相贯线的求作方法，综合运用才能绘制这类立体的三视图。

图 4 - 1　顶尖立体图

图 4 - 2　三通管立体图

相关知识

一、截交线

（一）截交线的性质

1. 截交线的概念

平面与立体表面相交，可以认为是立体被平面截切，此平面通常称为截平面，截平面与立体表面的交线称为截交线。图 4 - 3 为平面与立体表面相交示例。

2. 截交线的性质

（1）截交线一定是一个封闭的平面图形。

（2）截交线既在截平面上，又在立体表面上，截交线是截平面和立体表面的共有线。截交线上的点都是截平面与立体表面上的共有点。

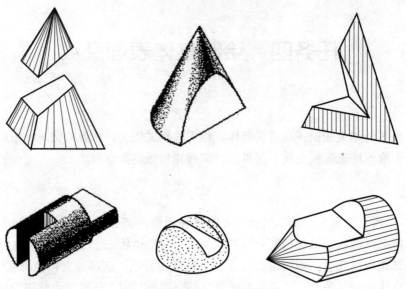

图 4-3　平面与立体表面相交

因为截交线是截平面与立体表面的共有线，所以求作截交线的实质，就是求出截平面与立体表面的共有点。

（二）平面立体截交线

平面立体的表面是平面图形，因此平面与平面立体的截交线为封闭的平面多边形。多边形的各个顶点是截平面与立体的棱线或底边的交点，多边形的各条边是截平面与平面立体表面的交线。

【例 4-1】　如图 4-4（a）所示，求作正垂面 P 斜切正四棱锥的截交线。

分析：截平面与棱锥的四条棱线相交，可判定截交线是四边形，其四个顶点分别是四条棱线与截平面的交点。因此，只要求出截交线的四个顶点在各投影面上的投影，然后依次连接顶点的同名投影，即得截交线得投影。如图 4-4（b）所示。

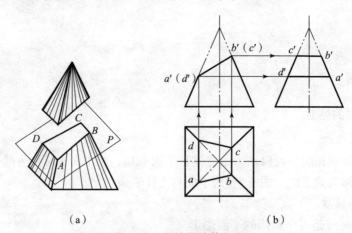

（a）　　　　　　　　　　（b）

图 4-4　四棱锥的截交线

当用两个以上平面截切平面立体时，在立体上会出现切口、凹槽或穿孔等。作图时，只要作出各个截平面与平面立体的截交线，并画出各截平面之间的交线，就可作出这些平面立体的投影。

【例4-2】　如图4-5（a）所示，带切口的正三棱锥，已知它的正面投影，求其另两面投影。

分析： 该正三棱锥的切口是由两个相交的截平面切割而成。两个截平面一个是水平面，一个是正垂面，它们都垂直于正面，因此切口的正面投影具有积聚性。水平截面与三棱锥的底面平行，因此它与棱面△SAB 和△SAC 的交线 DE、DF 必分别平行与底边 AB 和 AC，水平截面的侧面投影积聚成一条直线。正垂截面分别与棱面△SAB 和△SAC 交于直线 GE、GF。由于两个截平面都垂直于正面，所以两截平面的交线一定是正垂线，作出以上交线的投影即可得出所求投影。如图4-5（b）、（c）、（d）所示。

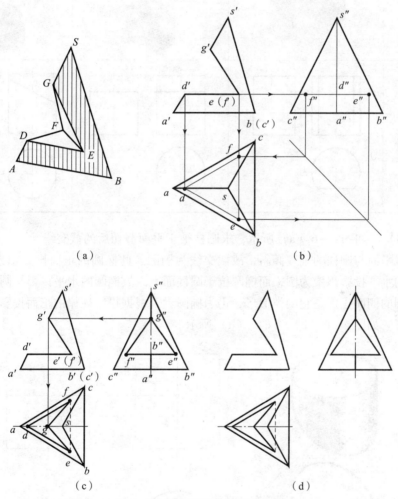

图4-5　带切口正三棱锥的投影

（三）曲面立体的截交线

曲面立体的截交线，就是求截平面与曲面立体表面的共有点的投影，然后把各点的同名投影依次光滑连接起来。

当截平面或曲面立体的表面垂直于某一投影面时，则截交线在该投影面上的投影具有积聚性，可直接利用面上取点的方法作图。

圆柱的截交线。

基本类型。平面截切圆柱时，根据截平面与圆柱轴线的相对位置不同，其截交线有三种不同的形状。见表4－1。

表4－1　圆柱截交线三种情况——圆、椭圆和矩形

截平面的位置	与轴线平行	与轴线垂直	与轴线倾斜
截交线的形状	矩形	圆	椭圆
立体图			
投影图			

【例4－3】　如图4－6（a）所示，求圆柱被正垂面截切后的截交线。

分析：截平面与圆柱的轴线倾斜，故截交线为椭圆。此椭圆的正面投影积聚为一直线。由于圆柱面的水平投影积聚为圆，而椭圆位于圆柱面上，故椭圆的水平投影与圆柱面水平投影重合。椭圆的侧面投影是它的类似形，仍为椭圆。可根据投影规律由正面投影和水平投影求出侧面投影。如图4－6（b）、（c）、（d）所示。

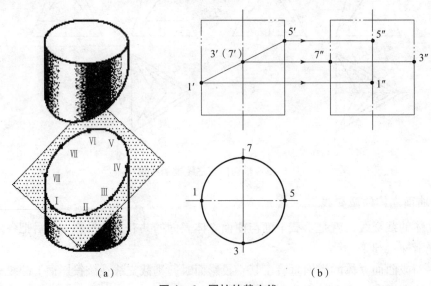

（a）　　　　　　　　　　　　　　　　　　（b）

图4－6　圆柱的截交线

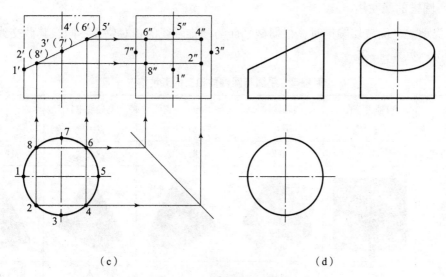

（c）　　　　　　　　　　（d）

图4-6　圆柱的截交线（续）

【例4-4】　如图4-7（a）所示，完成被截切圆柱的正面投影和水平投影。

分析：该圆柱左端的开槽是由两个平行于圆柱轴线的对称的正平面和一个垂直于轴线的侧平面切割而成。圆柱右端的切口是由两个平行于圆柱轴线的水平面和两个侧平面切割而成。如图4-7（b）、（c）、（d）所示。

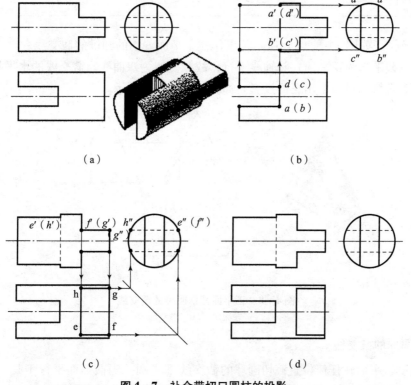

（a）　　　　　　　　　　（b）

（c）　　　　　　　　　　（d）

图4-7　补全带切口圆柱的投影

（四）圆锥的截交线

基本类型。平面截切圆锥时，根据截平面与圆锥轴线的相对位置不同，其截交线有五种不同的情况。见表4-2。

表4-2　平面与圆锥体相交的五种情况

截平面的位置	与轴线垂直 $\beta=90°$	与轴线倾斜 $\beta>\alpha$	平行一条素线 $\beta=\alpha$	与轴线平行 $\beta=0°$	过锥顶
截交线的形状	圆	椭圆	抛物线	双曲线	等腰三角形
立体图					
投影图					

【例4-5】　如图4-8（a）所示，求作被正平面截切的圆锥的截交线。

分析：因截平面为正平面，与轴线平行，故截交线为双曲线。截交线的水平投影和侧面投影都积聚为直线，只需求出正面投影。如图4-8（b）所示。

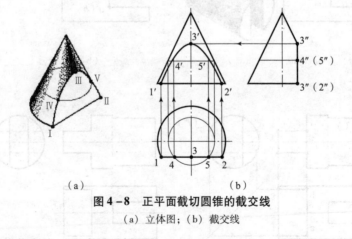

（a）　　　　　　　　　　（b）

图4-8　正平面截切圆锥的截交线

（a）立体图；（b）截交线

（五）圆球的截交线

基本性质。平面在任何位置截切圆球的截交线都是圆。当截平面平行于某一投影面时，截交线在该投影面上的投影为圆的实形，在其他两面上的投影都积聚为直线。如图4-9所示。

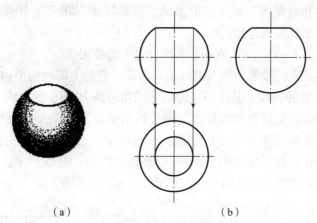

（a）　　　　　　　　　　（b）

图 4 – 9　圆球的截交线

【**例 4 – 6**】　如图 4 – 10（a）所示，完成开槽半圆球的截交线。

分析：球表面的凹槽由两个侧平面和一个水平面切割而成，两个侧平面和球的交线为两段平行于侧面的圆弧，水平面与球的交线为前后两段水平圆弧，截平面之间得交线为正垂线。如图 4 – 10（b）、（c）所示。

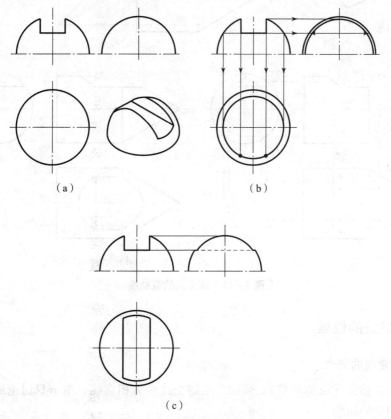

（a）　　　　　　　　　　　（b）

（c）

图 4 – 10　开槽圆球的截交线

（六）综合题例

实际机件常由几个回转体组合而成。求组合回转体的截交线时，首先要分析构成机件的各基本体与截平面的相对位置、截交线的形状、投影特性，然后逐个画出各基本体的截交线，再按它们之间的相互关系连接起来。

【例4-7】 如图4-11（a）所示，求作顶尖头的截交线。

分析： 顶尖头部是由同轴的圆锥与圆柱组合而成。它的上部被两个相互垂直的截平面 P 和 Q 切去一部分，在它的表面上共出现三组截交线和一条 P 与 Q 的交线。截平面 P 平行于轴线，所以它与圆锥面的交线为双曲线，与圆柱面的交线为两条平行直线。截平面 Q 与圆柱斜交，它截切圆柱的截交线是一段椭圆弧。三组截交线的侧面投影分别积聚在截平面 P 和圆柱面的投影上，正面投影分别积聚在 P、Q 两面的投影（直线）上，因此只需求作三组截交线的水平投影。如图4-11（b）、（c）、（d）所示。

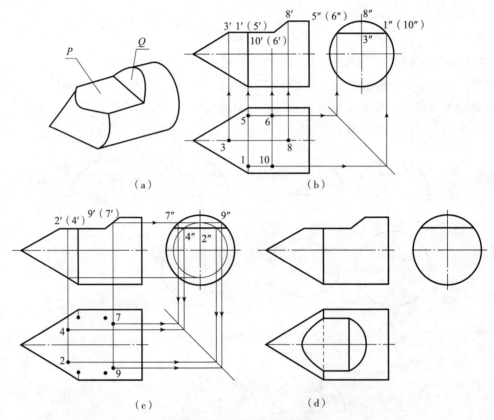

（a）　　　　　　　　　　　　（b）

（c）　　　　　　　　　　　　（d）

图4-11　顶尖头的截交线

二、相贯线的性质

（一）相贯线的概念

两个基本体相交（或称相贯），表面产生的交线称为相贯线。本节只讨论最为常见的两个曲面立体相交的问题。

（二）相贯线的性质

（1）相贯线是两个曲面立体表面的共有线，也是两个曲面立体表面的分界线。相贯线上的点是两个曲面立体表面的共有点。

（2）两个曲面立体的相贯线一般为封闭的空间曲线，特殊情况下可能是平面曲线或直线。

求两个曲面立体相贯线的实质就是求它们表面的共有点。作图时，依次求出特殊点和一般点，辨别其可见性，然后将各点光滑连接起来，即得相贯线。

（三）相贯线的画法

两个相交的曲面立体中，如果其中一个是柱面立体（常见的是圆柱面），且其轴线垂直于某投影面时，相贯线在该投影面上的投影一定积聚在柱面投影上，相贯线的其余投影可用表面取点法求出。

1.【例4-8】如图4-12（a）所示，求正交两圆柱体的相贯线。

分析：两圆柱体的轴线正交，且分别垂直于水平面和侧面。相贯线在水平面上的投影积聚在小圆柱水平投影的圆周上，在侧面上的投影积聚在大圆柱侧面投影的圆周上，故只需求作相贯线的正面投影。如图4-12（b）所示。

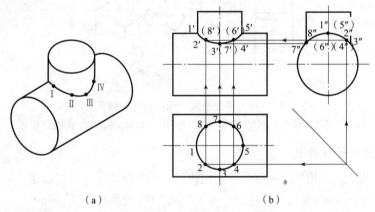

图4-12 正交两圆柱的相贯线

2. 相贯线的近似画法

相贯线的作图步骤较多，如对相贯线的准确性无特殊要求，当两圆柱垂直正交且直径有相差时，可采用圆弧代替相贯线的近似画法。如图4-13所示，垂直正交两圆柱的相贯线可用大圆柱的 $D/2$ 为半径作圆弧来代替。

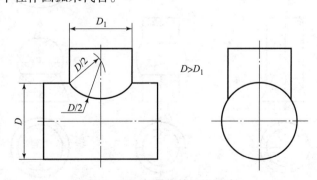

图4-13 相贯线的近似画法

3. 两圆柱正交的类型

两圆柱正交有三种情况：①两外圆柱面相交；②外圆柱面与内圆柱面相交；③两内圆柱

面相交。这三种情况的相交形式虽然不同，但相贯线的性质和形状一样，求法也是相同的。如图 4 – 14 所示。

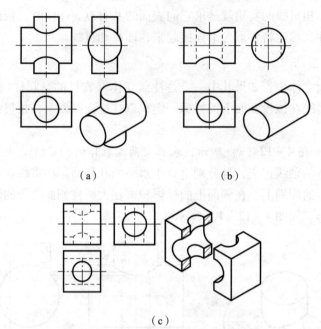

（a）　　　　　　　　　　　（b）

（c）

图 4 – 14　两正交圆柱相交的三种情况

（a）两外圆柱面相交；（b）外圆柱面与内圆柱面相交；（c）两内圆柱面相交

（四）相贯线的特殊情况

两曲面立体相交，其相贯线一般为空间曲线，但在特殊情况下也可能是平面曲线或直线。

（1）两个曲面立体具有公共轴线时，相贯线为与轴线垂直的圆，如图 4 – 15 所示。

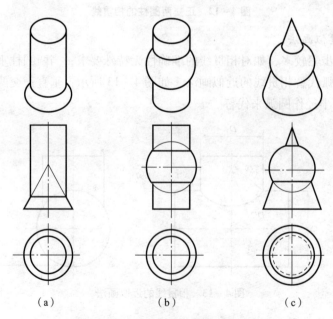

（a）　　　　　　　　（b）　　　　　　　（c）

图 4 – 15　两个同轴回转体的相贯线

（a）圆柱与圆锥；（b）圆柱与圆球；（c）圆锥与圆球

（2）当正交的两圆柱直径相等时，相贯线为大小相等的两个椭圆（投影为通过两轴线交点的直线），如图 4-16 所示。

（3）当相交的两圆柱轴线平行时，相贯线为两条平行于轴线的直线，如图 4-17 所示。

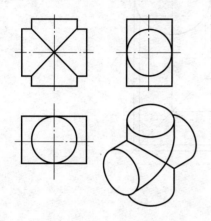

图 4-16　等柱正交子

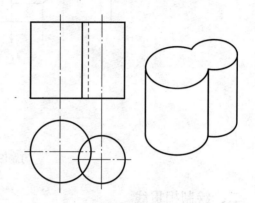

图 4-17　两柱轴线平行相交

任务实施

一、绘制截交线

1. 完成四棱柱被切割后的水平投影，如习题图 4-18 所示。

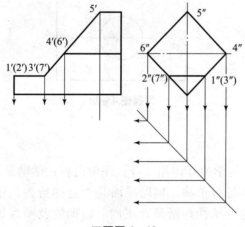

习题图 4-18

2. 试完成圆柱切割后的第三面投影，如习题图 4 – 19 所示。

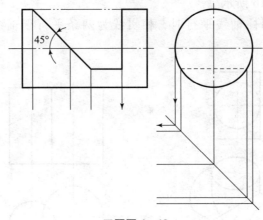

习题图 4 – 19

二、绘制相贯线

补画圆柱挖孔后的侧面投影，如习题图 4 – 20 所示。

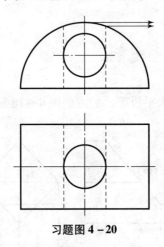

习题图 4 – 20

任务评价

采用教师批改、讲评与学生互评相结合。评价内容：活动是否积极，基本体投影是否正确，特殊点一般点投影是否正确，辅助平面是否选择恰当，相贯线上共有点投影是否正确，截交线和相贯线的可见性判断是否正确。辅助线及图线运用是否合理，图面是否整洁。

实作练习

1. 平面体的截断。
2. 曲面体的截断。
3. 平面体、曲面体的相贯与挖孔、挖槽。
4. 复合体的截切与相贯综合练习。

任务五　绘制组合体视图

学习目标

学会用形体分析法分析组合体，认清形体特征，分析组合特点；按照结构特征正确选择试图方案；按国家标准《机械制图》中有关尺寸注法的内容合理标注组合体视图尺寸；掌握画图步骤，合理布局；正确使用绘图仪器，提高绘图技能；在熟悉组合体三视图的基础上提高读图能力。

任务设计

如图 5-1 所示轴承座，用于安装轴承的外支撑，因其工作的需要，相应的结构就较为复杂，对这种较复杂的形体，我们可以采用形体分析法，弄清各部分结构形状，确定出最佳的表达方式，绘制出三视图。通过绘制组合体三视图，可以提高绘图与识读能力，为今后零件图的绘制打下坚实的基础。

图 5-1　轴承座立体图

相关知识

由一些基本形体组合而成的物体称为组合体。可以理解为是把零件进行必要的简化，将零件看作由若干个基本几何体组成。所以学习组合体的投影作图为零件图的绘制提供了基本的方法，即形体分析法。学习组合体的投影作图为零件图奠定重要的基础。

一、组合体的组合形式和表面连接关系

1. 组合体的组合形式

组合体的组合形式为叠加、切割、综合。其中，综合是前两种基本形式的综合。如图 5-2所示。

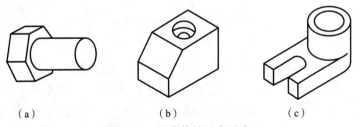

（a）　　　　　　　　（b）　　　　　　　　（c）

图 5-2　组合体的组合形式
（a）叠加型；（b）切割型；（c）综合型

2. 组合体的表面连接关系

（1）平齐或不平齐。当两基本体表面平齐时，结合处不画分界线。当两基本体表面不平齐时，结合处应画出分界线。

如图 5 – 3（a）所示组合体，上、下两表面平齐，在主视图上不应画分界线。如图 5 – 3（b）所示组合体，上、下两表面不平齐，在主视图上应画出分界线。对照模型讲解。

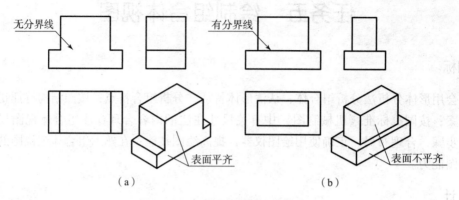

图 5 – 3　表面平齐和不平齐的画法

（a）表面平齐；（b）表面不平齐

（2）相切。当两基本体表面相切时，在相切处不画分界线。

如图 5 – 4（a）所示组合体。它是由底板和圆柱体组成，底板的侧面与圆柱面相切，在相切处形成光滑的过渡，因此，主视图和左视图中相切处不应画线，此时应注意两个切点 A、B 的正面投影 a'、(b') 和侧面投影 a''、(b'') 的位置。图 5 – 4（b）是常见的错误画法。对照模型讲解。

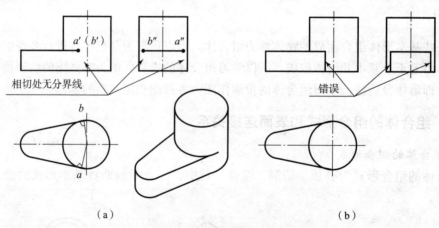

图 5 – 4　表面相切的画法

（a）正确画法；（b）错误画法

（3）相交。当两基本体表面相交时，在相交处应画出分界线。

如图 5 – 5（a）所示组合体，它也是由底板和圆柱体组成，但本例中底板的侧面与圆柱面是相交关系，故在主视图、左视图相交处应画出交线。图 5 – 5（b）是常见的错误画法。对照模型讲解。

3. 形体分析法

形体分析法——假想将组合体分解为若干基本体，分析各基本体的形状、组合形式和相对位置，弄清组合体的形体特征，这种分析方法称为形体分析法。

如图 5 – 6（a）所示的支座可分解成图 5 – 6（b）所示的四个部分。

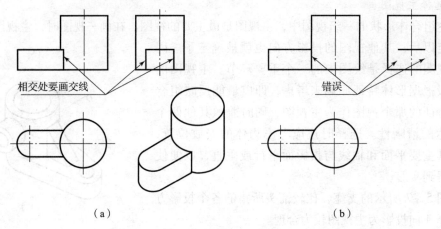

（a）　　　　　　　　　　　　　　　　（b）

图 5 – 5　表面相交的画法

（a）正确画法；（b）错误画法

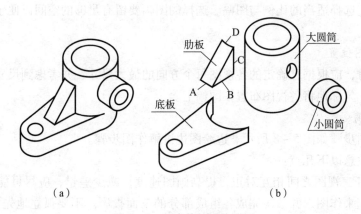

（a）　　　　　　　　　　　　　　（b）

图 5 – 6　组合体的形体分析

（a）支座；（b）分解图

二、组合体的画法

1. 形体分析

画图前，首先应对组合体进行形体分析，分析该组合体是由哪些基本体所组成的，了解它们之间的相对位置、组合形式以及表面间的连接关系及其分界线的特点。

图 5 – 6 中的支座由大圆筒、小圆筒、底板和肋板组成，从图中可以看出大圆筒与底板接合，底板的底面与大圆筒底面共面，底板的侧面与大圆筒的外圆柱面相切；肋板叠加在底板的上表面上，右侧与大圆筒相交，其表面交线为 A、B、C、D，其中 D 为肋板斜面与圆柱面相交而产生的椭圆弧；大圆筒与小圆筒的轴线正交，两圆筒相贯连成一体，因此两者的内外圆柱面相交处都有相贯线。通过对支座进行这样的分析，弄清它的形体特征，对于画图有很大帮助。

在具体画图时，可以按各个部分的相对位置，逐个画出它们的投影以及它们之间的表面连接关系，综合起来即可得到整个组合体的视图。

2. 选择主视图

表达组合体形状的一组视图中，主视图是最主要的视图。在画三视图时，主视图的投影方向确定以后，其他视图的投影方向也就被确定了。因此，主视图的选择是绘图中的一个重要环节。主视图的选择一般根据形体特征原则来考虑，即以最能反映组合体形体特征的那个视图作为主视图，同时兼顾其他两个视图表达的清晰性。选择时还应考虑物体的安放位置，尽量使其主要平面和轴线与投影面平行或垂直，以便使投影能得到实形。

如图5-7所示的支座，比较箭头所指的各个投影方向，选择 A 向投影为主视图较为合理。

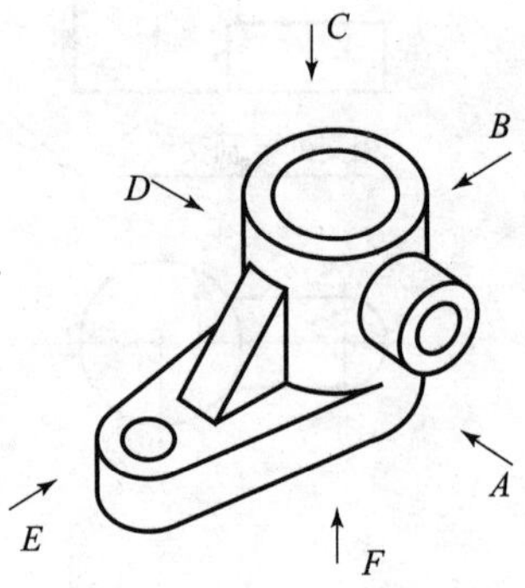

图5-7 组合体主视图的选择

3. 确定比例和图幅

视图确定后，要根据物体的复杂程度和尺寸大小，按照标准的规定选择适当的比例与图幅。选择的图幅要留有足够的空间以便于标注尺寸和画标题栏等。

4. 布置视图位置

布置视图时，应根据已确定的各视图每个方向的最大尺寸，并考虑到尺寸标注和标题栏等所需的空间，匀称地将各视图布置在图幅上。

5. 绘制底稿

支座的绘图步骤如图5-8所示。边绘图边讲解作图步骤。

绘图时应注意以下几点：

（1）为保证三视图之间相互对正，提高画图速度，减少差错，应尽可能把同一形体的三面投影联系起来作图，并依次完成各组成部分的三面投影。不要孤立地先完成一个视图，再画另一个视图。

（2）先画主要形体，后画次要形体；先画各形体的主要部分，后画次要部分；先画可见部分，后画不可见部分。

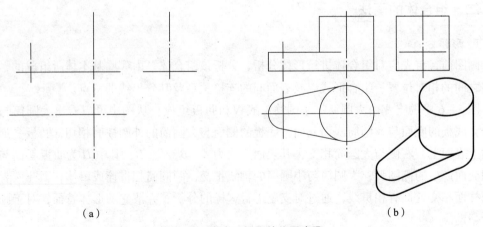

（a）　　　　　　　　　　　　　　　　　（b）

图5-8 支座三视图的作图步骤

（a）布置视图，画主要基准线；（b）画底板和大圆筒外圆柱面

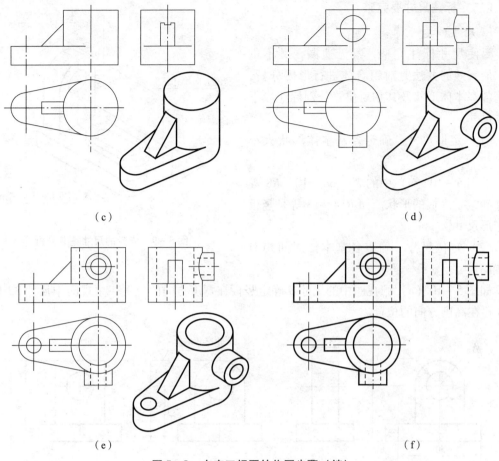

（c）　　　　　　　　　　　　　　　　　　（d）

（e）　　　　　　　　　　　　　　　　　　（f）

图5-8　支座三视图的作图步骤（续）

（c）画肋板；（d）画小圆筒外圆柱面；（e）画三个圆孔；（f）检查、描深，完成全图

（3）应考虑到组合体是各个部分组合起来的一个整体，作图时要正确处理各形体之间的表面连接关系。

三、组合体的尺寸标注

一组视图只能表示物体的形状，不能确定物体的大小，组合体各部分的真实大小及相对位置，由标注的尺寸确定。

（一）尺寸基准

标注尺寸的起始位置称为尺寸基准。组合体有长、宽、高三个方向的尺寸，每个方向至少应有一个尺寸基准。组合体的尺寸标注中，常选取对称面、底面、端面、轴线或圆的中心线等几何元素作为尺寸基准。在选择基准时，每个方向除一个主要基准外，根据情况还可以有几个辅助基准。基准选定后，各方向的主要尺寸（尤其是定位尺寸）就应从相应的尺寸基准进行标注。

如图5-9所示支架，是用竖板的右端面作为长度方向尺寸基准；用前、后对称平面作为宽度方向尺寸基准；用底板的底面作为高度方向的尺寸基准。

（二）标注尺寸要完整

1. 尺寸种类

要使尺寸标注完整，既无遗漏，又不重复，最有效的办法是对组合体进行形体分析，根据各基本体形状及其相对位置分别标注以下几类尺寸。

（1）定形尺寸。确定各基本体形状大小的尺寸。

如图 5 – 10（a）中的 50、34、10、$R8$ 等尺寸确定了底板的形状。而 $R14$、18 等是竖板的定形尺寸。

（2）定位尺寸。确定各基本体之间相对位置的尺寸。

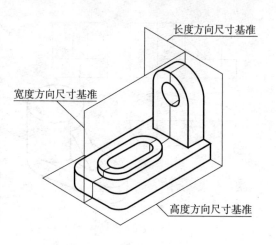

图 5 – 9　支架的尺寸基准分析

如图 5 – 10（a）俯视图中的尺寸 8 确定竖板在宽度方向的位置，主视图中尺寸 32 确定 $\phi16$ 孔在高度方向的位置。

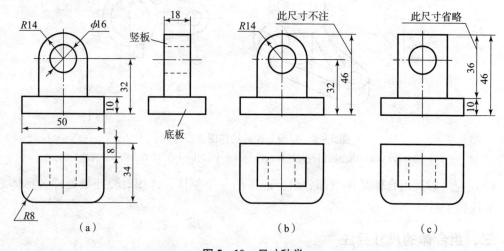

图 5 – 10　尺寸种类

（3）总体尺寸。确定组合体外形总长、总宽、总高的尺寸。总体尺寸有时和定形尺寸重合，如图 5 – 10（a）中的总长 50 和总宽 34 同时也是底板的定形尺寸。对于具有圆弧面的结构，通常只注中心线位置尺寸，而不注总体尺寸。如图 5 – 10（b）中总高可由 32 和 $R14$ 确定，此时就不再标注总高 46 了。当标注了总体尺寸后，有时可能会出现尺寸重复，这时可考虑省略某些定形尺寸。如图 5 – 10（c）中总高 46 和定形尺寸 10、36 重复，此时可根据情况将此二者之一省略。

2. 标注尺寸的方法和步骤

标注组合体的尺寸时，应先对组合体进行形体分析，选择基准，标注出定形尺寸、定位尺寸和总体尺寸，最后检查、核对。

以图 5 – 11（a）、（b）所示的支座为例说明组合体尺寸标注的方法和步骤。

（1）进行形体分析。该支座由底板、圆筒、支撑板、肋板四个部分组成，它们之间的组合形式为叠加。如图5-11（c）所示。

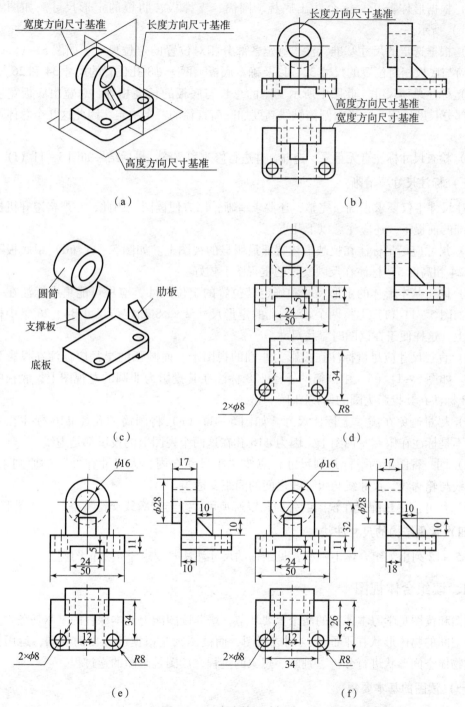

图5-11 支座的尺寸标注

（a）支座；（b）支座三视图；（c）支座形体分析；（d）标注底板定形尺寸；

（e）标注圆筒、支撑板、肋板定形尺寸；（f）标注定位尺寸、总体尺寸

（2）选择尺寸基准。该支座左右对称，故选择对称平面作为长度方向尺寸基准；底板

和支撑板的后端面平齐，可选作宽度方向尺寸基准；底板的下底面是支座的安装面，可选作高度方向尺寸基准。如图 5-11（a）所示。

（3）根据形体分析，逐个注出底板、圆筒、支撑板、肋板的定形尺寸。如图 5-11（d）、（e）所示。

（4）根据选定的尺寸基准，注出确定各部分相对位置的定位尺寸。如图 5-11（f）中确定圆筒与底板相对位置的尺寸 32，以及确定底板上两个 $\phi 8$ 孔位置的尺寸 34 和 26。

（5）标注总体尺寸。此图中所示支座的总长与底板的长度相等，总宽由底板宽度和圆筒伸出部分长度确定，总高由圆筒轴线高度加圆筒直径的一半决定，因此这几个总体尺寸都已标出。

（6）检查尺寸标注有无重复、遗漏，并进行修改和调整，最后结果如图 5-11（f）所示。

（三）标注尺寸要清晰

标注尺寸不仅要求正确、完整，还要求清晰，以方便读图。因此，在严格遵守机械制图国家标准的前提下，还应注意以下几点：

（1）尺寸应尽量标注在反映形体特征最明显的视图上。如图 5-11（d）中底板下部开槽宽度 24 和高度 5，标注在反映实形的主视图上较好。

（2）同一基本形体的定形尺寸和确定其位置的定位尺寸，应尽可能集中标注在一个视图上。如图 5-11（f）上将两个 $\phi 8$ 圆孔的定形尺寸 $2 \times \phi 8$ 和定位尺寸 34、26 集中标注在俯视图上，这样便于在读图时寻找尺寸。

（3）直径尺寸应尽量标注在投影为非圆的视图上，而圆弧的半径应标注在投影为圆的视图上。如图 5-11（e）中圆筒的外径 $\phi 28$ 标注在其投影为非圆的左视图上，底板的圆角半径 $R8$ 标注在其投影为圆的俯视图上。

（4）尽量避免在虚线上标注尺寸。如图 5-11（e）将圆筒的孔径 $\phi 16$ 标注在主视图上，而不是标注在俯、左视图上，因为 $\phi 16$ 孔在这两个视图上的投影都是虚线。

（5）同一视图上的平行并列尺寸，应按"小尺寸在内，大尺寸在外"的原则来排列，且尺寸线与轮廓线、尺寸线与尺寸线之间的间距要适当。

（6）尺寸应尽量配置在视图的外面，以避免尺寸线与轮廓线交错重叠，保持图形清晰。

（四）常见结构的尺寸注法

图 5-12 列出了组合体上一些常见结构的尺寸注法。要求学生熟记图例。

四、读组合体视图

画图和读图是学习本课程的两个重要环节，培养读图能力是本课程的基本任务之一。画图是将空间的物体形状在平面上绘制成视图，而读图则是根据已画出的视图，运用投影规律，对物体空间形状进行分析、判断、想象的过程，读图是画图的逆过程。

（一）读图的基本要领

1. 理解视图中线框和图线的含义

视图是由图线和线框组成的，弄清视图中线框和图线的含义对读图有很大帮助。

（1）视图中的每个封闭线框可以是物体上一个表面（平面、曲面或它们相切形成的组合面）的投影，也可以是一个孔的投影。如图 5-13 所示，主视图上的线框 A、B、C 是平面的投影，线框 *D* 是平面与圆柱面相切形成的组合面的投影，主、俯视图中大、小两个圆线框分别是大小两个孔的投影。

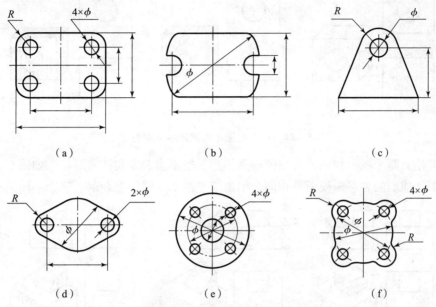

图 5 – 12　常见结构的尺寸注法

（2）视图中的每一条图线可以是面的积聚性投影，如图 5 – 13 中直线 1 和 2 分别是 *A* 面和 *E* 面的积聚性投影；也可以是两个面的交线的投影，如图中直线 3 和 5 分别是肋板斜面 *E* 与拱形柱体左侧面和底板上表面的交线，直线 4 是 *A* 面和 *D* 面交线；还可以是曲面的转向轮廓线的投影，如左视图中直线 6 是小圆孔圆柱面的转向轮廓线（此时不可见，画虚线）。

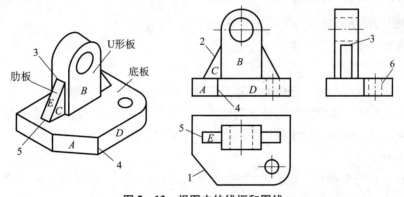

图 5 – 13　视图中的线框和图线

（3）视图中相邻的两个封闭线框，表示位置不同的两个面的投影。如图 5 – 13 中 *B*、*C*、*D* 三个线框两两相邻，从俯视图中可以看出，*B*、*C* 以及 *D* 的平面部分互相平行，且 *D* 在最前，*B* 居中，*C* 最靠后。

（4）大线框内包括的小线框，一般表示在大立体上凸出或凹下的小立体的投影。如图 5 – 13中俯视图上的小圆线框表示凹下的孔的投影，线框 *E* 表示凸起的肋板的投影。

2. 将几个视图联系起来进行读图

一个组合体通常需要几个视图才能表达清楚，一个视图不能确定物体形状。如图 5 – 14 所示的三组视图，他们的主视图都相同，但由于俯视图不同，表示的实际是三个不同的物体。

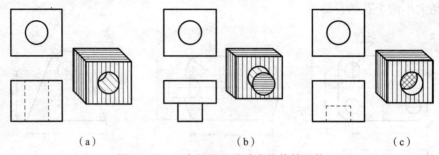

(a)   (b)   (c)

图 5－14　一个视图不能确定物体的形状

有时即使有两个视图相同，若视图选择不当，也不能确定物体的形状。如图 5－15 所示的三组视图，他们的主、俯视图都相同，但由于左视图不同，也表示了三个不同的物体。

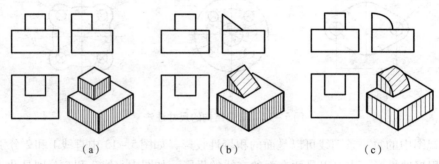

(a)   (b)   (c)

图 5－15　两个视图不能确定物体的形状

在读图时，一般应从反映特征形状最明显的视图入手，联系其他视图进行对照分析，才能确定物体形状，切忌只看一个视图就下结论。

（二）读图的基本方法——形体分析法

读图的基本方法有形体分析法和线面分析法。先来介绍形体分析法。

1. 概念

根据组合体的特点，将其分成大致几个部分，然后逐一将每一部分的几个投影对照进行分析，想象出其形状，并确定各部分之间的相对位置和组合形式，最后综合想象出整个物体的形状。这种读图方法称为形体分析法。此法用于叠加类组合体较为有效。

2. 读图步骤

（1）分线框，对照投影。（由于主视图上具有的特征部位一般较多，故通常先从主视图开始进行分析。）

（2）想出形体，确定位置。

（3）综合起来，想出整体。

一般的读图顺序是：先看主要部分，后看次要部分；先看容易确定的部分，后看难以确定的部分；先看某一组成部分的整体形状，后看其细节部分形状。

3. 讲解例题

读如图 5－16（a）所示三视图，想象出它所表示的物体的形状。读图步骤：

（1）分离出特征明显的线框。三个视图都可以看作是由三个线框组成的，因此可大致将该物体分为三个部分。其中主视图中Ⅰ、Ⅲ两个线框特征明显，俯视图中线框Ⅱ的特征明显。如图5－16（a）所示。

（2）逐个想象各形体形状。根据投影规律，依次找出Ⅰ、Ⅱ、Ⅲ三个线框在其他两个视图的对应投影，并想象出他们的形状。如图5－16（b）、（c）、（d）所示。

（3）综合想象整体形状。确定各形体的相互位置，初步想象物体的整体形状，如图5－16（e）、（f）所示。然后把想象的组合体与三视图进行对照、检查，如根据主视图中的圆线框及它在其他两视图中的投影想象出通孔的形状，最后想象出的物体形状如图5－16（g）所示。

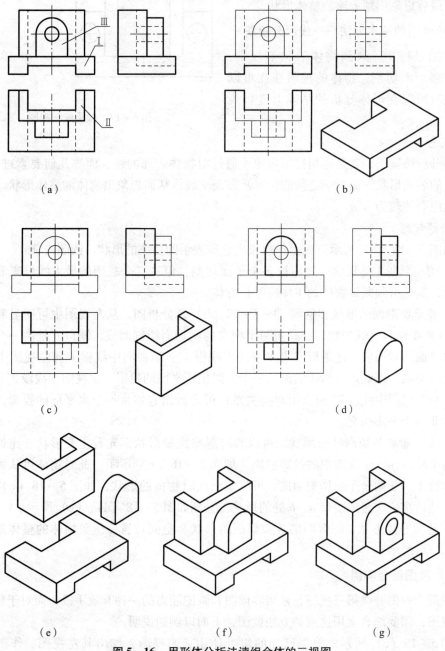

（a）   （b）

（c）   （d）

（e）   （f）   （g）

图5－16　用形体分析法读组合体的三视图

例题：如图 5 – 17 所示，读轴承座的三视图，想象出它所表示的物体的形状。对照挂图讲解。

分析：从主视图看有四个可见线框，可按照线框将它们分为四个部分。在根据视图间的投影关系，依次找每一个线框在其他两个视图的对应投影，联系起来想象出每部分的形状。最后想象出轴承座的整体形状。

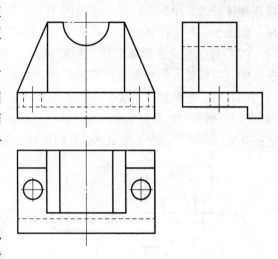

（三）读图的基本方法——线面分析法

在读图过程中，遇到物体形状不规则，或物体被多个面切割，物体的视图往往难以读懂，此时可以在形体分析的基础上进行线面分析。

图 5 – 17　轴承座三视图

1. 概念

线面分析法读图，就是运用投影规律，通过对物体表面的线、面等几何要素进行分析，确定物体的表面形状、面与面之间的位置及表面交线，从而想象出物体的整体形状。此法用于切割类组合体较为有效。

2. 讲解例题

读如图 5 – 18（a）所示三视图，想象出它所表示的物体的形状。读图步骤：

（1）初步判断主体形状。物体被多个平面切割，但从三个视图的最大线框来看，基本都是矩形，据此可判断该物体的主体应是长方体。

（2）确定切割面的形状和位置。图 5 – 18（b）是分析图，从左视图中可明显看出该物体有 a、b 两个缺口，其中缺口 a 是由两个相交的侧垂面切割而成，缺口 b 是由一个正平面和一个水平面切割而成。还可以看出主视图中线框 1′、俯视图中线框 1 和左视图中线框 1″有投影对应关系，据此可分析出它们是一个一般位置平面的投影。主视图中线段 2′、俯视图中线框 2 和左视图中线段 2″有投影对应关系，可分析出它们是一个水平面的投影。并且可看出Ⅰ、Ⅱ两个平面相交。

（3）逐个想象各切割处的形状。可以暂时忽略次要形状，先看主要形状。比如看图时可先将两个缺口在三个视图中的投影忽略，如图 5 – 18（c）所示。此时物体可认为是由一个长方体被Ⅰ、Ⅱ两个平面切割而成，可想象出此时物体的形状，如图 5 – 18（c）的立体图所示。然后再依次想象缺口 a、b 处的形状，分别如图 5 – 18（d）、（e）所示。

（4）想象整体形状。综合归纳各截切面的形状和空间位置，想象物体的整体形状，如图5 – 18（f）所示。

（四）读图综合实例

根据两个视图补画第三视图，是培养读图和画图能力的一种有效手段。而对于较复杂的组合体视图，需要综合运用这两种方法读图，下面以例题说明。

如图 5 – 19（a）所示，根据已知的组合体主、俯视图，作出其左视图。作图方法和步骤：

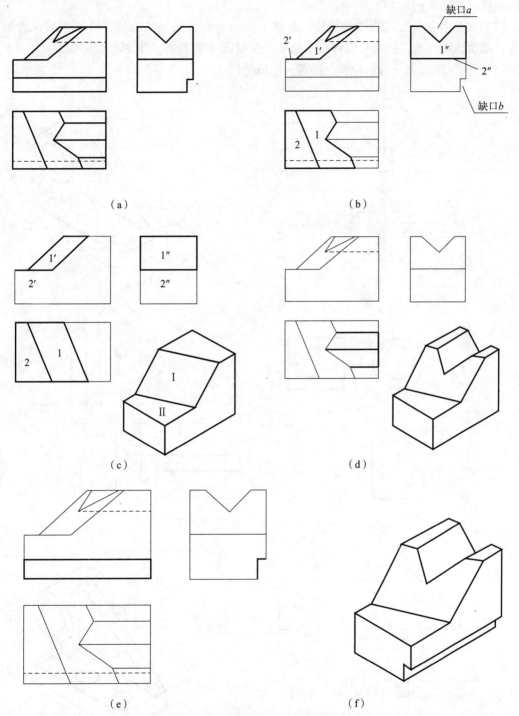

缺口a

2′ 1′

1″

2″

缺口b

（a）

（b）

1′

2′

1″

2″

2 1

I

II

（c）

（d）

（e）

（f）

图5-18 用线面分析法读组合体的三视图

（1）形体分析。主视图可以分为四个线框，根据投影关系在俯视图上找出它们的对应投影，可初步判断该物体是由四个部分组成的。下部 I 是底板，其上开有两个通孔；上部 II 是一个圆筒；在底板与圆筒之间有一块支撑板III，它的斜面与圆筒的外圆柱面相切，它的后表面与底板的后表面平齐；在底板与圆筒之间还有一个肋板IV。根据以上分析，想象出该物体的形状，如图 5 – 19（f）所示。

（2）画出各部分在左视图的投影。根据上面的分析及想出的形状，按照各部分的相对位置，依次画出底板、圆筒、支撑板、肋板在左视图中的投影。作图步骤如图 5 – 19（b）、（c）、（d）、（e）所示。最后检查、描深，完成全图。

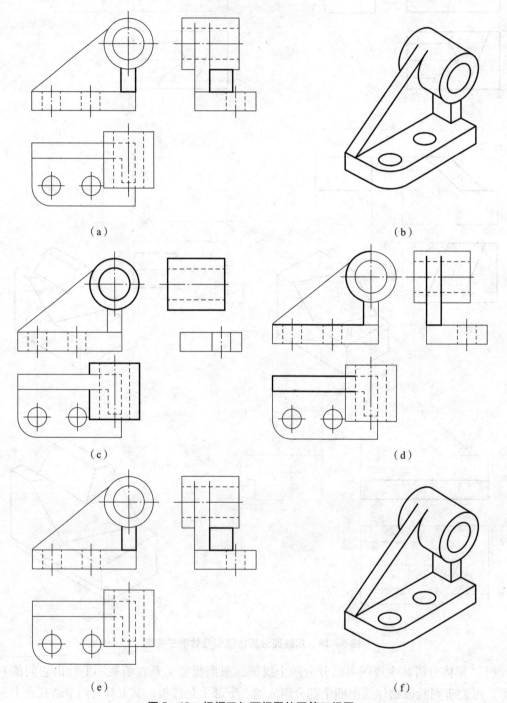

（a）

（b）

（c）

（d）

（e）

（f）

图 5 – 19　根据已知两视图补画第三视图

任务实施

1. 看懂组合体视图（习题图5－20），补画出左视图。

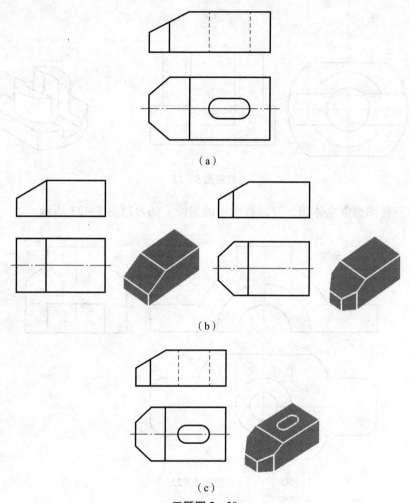

（a）

（b）

（c）

习题图 5 – 20

（a）一个正垂面切割；（b）两个铅垂面切割；（c）切割长圆孔

2. 看懂组合体视图（习题图5－21），补视图中的缺线。

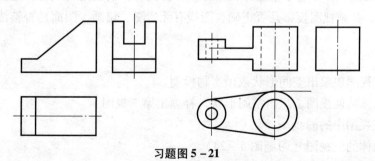

习题图 5 – 21

3. 由俯视图、左视图，画主视图，如习题图 5 – 22 所示。

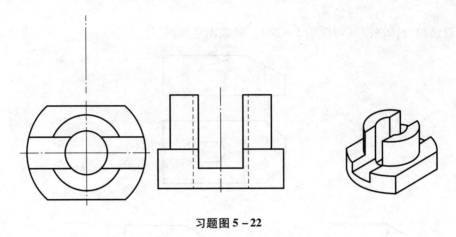

习题图 5 – 22

4. 根据三视图想象立体图，补画视图中的漏线，如习题图 5 – 23 所示。

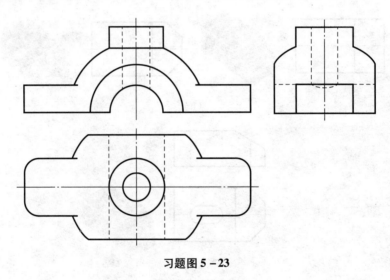

习题图 5 – 23

任务评价

采用教师批改、讲评与学生互评相结合。评价内容：活动是否积极，是否勤于思考，是否做立体模型；补画视图投影是否正确，图线有无遗漏、错画，图面是否整洁。

实作练习

1. 根据三视图想象出空间形状或做实物模型。

2. 根据物体的两视图，想出空间形状，补画出第三视图。

3. 补画三视图中的漏线。

4. 补全物体的三视图（习题图 5 – 24）。

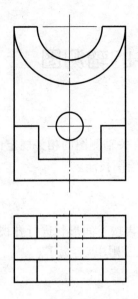
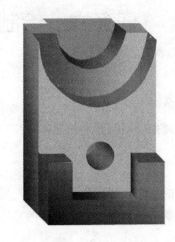

习题图 5 – 24

任务六　绘制机件的轴测图

学习目标

　　熟悉国家标准《技术制图》和《机械制图》中有关轴测图的相关规定；掌握轴测图的绘制方法；正确使用绘图仪器；积累作图技巧以提高绘图技能。

任务设计

　　在补三视图时，要先想出物体的空间形状，然后再按空间形状进行补视图（图6-1）。若在构思立体形状的过程中，画出物体的立体图，补三视图就容易了。

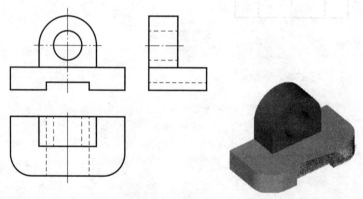

图6-1　多面正投影与轴测图的比较

相关知识

一、轴测图的基本知识

　　1. 轴测图的形成

　　将空间物体连同确定其位置的直角坐标系，沿不平行于任一坐标平面的方向，用平行投影法投射在某一选定的单一投影面上所得到的具有立体感的图形，称为轴测投影图，简称轴测图，如图6-2所示。

　　在轴测投影中，我们把选定的投影面 P 称为轴测投影面；把空间直角坐标轴 OX、OY、OZ 在轴测投影面上的投影 O_1X_1、O_1Y_1、O_1Z_1 称为轴测轴；把两轴测轴之间的夹角 $\angle X_1O_1Y_1$、$\angle Y_1O_1Z_1$、$\angle X_1O_1Z_1$ 称为轴间角；轴测轴上的单位长度与空间直角坐标轴上对应单位长度的比值，称为轴向伸缩系数。OX、OY、OZ 的轴向伸缩系数分别用 p_1、q_1、r_1 表示。例如，在图4-2中，$p_1 = O_1A_1/OA$，$q_1 = O_1B_1/OB$，$r_1 = O_1C_1/OC$。

　　强调：轴间角与轴向伸缩系数是绘制轴测图的两个主要参数。

　　2. 轴测图的种类

　　（1）按照投影方向与轴测投影面的夹角分，轴测图可以分为：

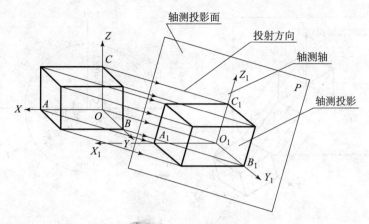

图6-2　轴测图的形成

①正轴测图——轴测投影方向（投影线）与轴测投影面垂直时投影所得到的轴测图。

②斜轴测图——轴测投影方向（投影线）与轴测投影面倾斜时投影所得到的轴测图。

（2）按照轴向伸缩系数分，轴测图可以分为：

①正（或斜）等测轴测图——$p_1 = q_1 = r_1$，简称正（斜）等测图；

②正（或斜）二等测轴测图——$p_1 = r_1 \neq q_1$，简称正（斜）二测图；

③正（或斜）三等测轴测图——$p_1 \neq q_1 \neq r_1$，简称正（斜）三测图；

本章只介绍工程上常用的正等测图和斜二测图的画法。

3. 轴测图的基本性质

（1）物体上互相平行的线段，在轴测图中仍互相平行；物体上平行于坐标轴的线段，在轴测图中仍平行于相应的轴测轴，且同一轴向所有线段的轴向伸缩系数相同。

（2）物体上不平行于坐标轴的线段，可以用坐标法确定其两个端点然后连线画出。

（3）物体上不平行于轴测投影面的平面图形，在轴测图中变成原形的类似形。如长方形的轴测投影为平行四边形，圆形的轴测投影为椭圆。

二、正等测图

正等测图的形成及参数。

（1）形成方法。如图6-3（a）所示，如果使三条坐标轴 OX、OY、OZ 对轴测投影面处于倾角都相等的位置，把物体向轴测投影面投影，这样所得到的轴测投影就是正等测轴测图，简称正等测图。

（2）参数。图6-3（b）表示了正等测图的轴测轴、轴间角和轴向伸缩系数等参数及画法。从图中可以看出，正等测图的轴间角均为120°，且三个轴向伸缩系数相等。经推证并计算可知 $p_1 = q_1 = r_1 = 0.82$。为作图简便，实际画正等测图时采用 $p_1 = q_1 = r_1 = 1$ 的简化伸缩系数画图，即沿各轴向的所有尺寸都按物体的实际长度画图。但按简化伸缩系数画出的图形比实际物体放大了 $1/0.82 \approx 1.22$ 倍。

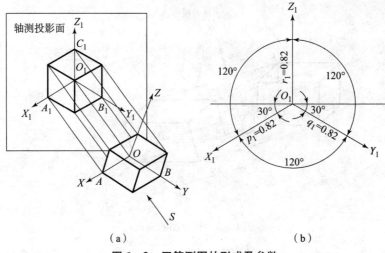

（a）　　　　　　　　　　　　　（b）

图 6 - 3　正等测图的形成及参数

任务实施

一、平面立体正轴测图的画法

1. 长方体的正等测图

分析：根据长方体的特点，选择其中一个角顶点作为空间直角坐标系原点，并以过该角顶点的三条棱线为坐标轴。先画出轴测轴，然后用各顶点的坐标分别定出长方体的八个顶点的轴测投影，依次连接各顶点即可。作图方法与步骤如图 6 - 4 所示。

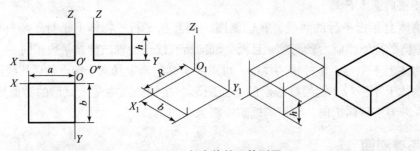

图 6 - 4　长方体的正等测图

2. 正六棱柱体的正等测图

分析：由于正六棱柱前后、左右对称，为了减少不必要的作图线，从顶面开始作图比较方便。故选择顶面的中点作为空间直角坐标系原点，棱柱的轴线作为 OZ 轴，顶面的两条对称线作为 OX、OY 轴。然后用各顶点的坐标分别定出正六棱柱的各个顶点的轴测投影，依次连接各顶点即可。作图方法与步骤如图 6 - 5 所示。边画图边讲解作图步骤。

3. 三棱锥的正等测图

分析：由于三棱锥由各种位置的平面组成，作图时可以先锥顶和底面的轴测投影，然后连接各棱线即可。作图方法与步骤如图 6 - 6 所示。

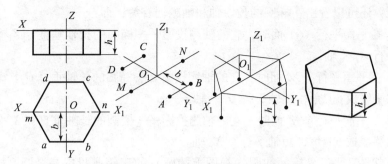

图 6 – 5 正六棱柱体的正等测图

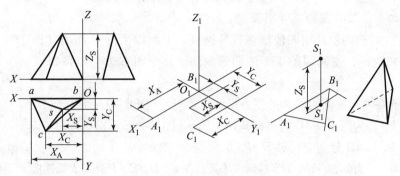

图 6 – 6 三棱锥的正等测图

4. 正等测图的作图方法总结

从上述三例的作图过程中，可以总结出以下两点：

（1）画平面立体的轴测图时，首先应选好坐标轴并画出轴测轴；然后根据坐标确定各顶点的位置；最后依次连线，完成整体的轴测图。具体画图时，应分析平面立体的形体特征，一般总是先画出物体上一个主要表面的轴测图。通常是先画顶面，再画底面；有时需要先画前面，再画后面，或者先画左面，再画右面。

（2）为使图形清晰，轴测图中一般只画可见的轮廓线，避免用虚线表达。

二、圆的正轴测图的画法

1. 平行于不同坐标面的圆的正等测图

平行于坐标面的圆的正等测图都是椭圆，除了长短轴的方向不同外，画法都是一样的。图 6 – 7 所示为三种不同位置的圆的正等测图。

作圆的正等测图时，必须弄清椭圆的长短轴的方向。分析图 6 – 7 所示的图形（图中的菱形为与圆外切的正方形的轴测投影）即可看出，椭圆长轴的方向与菱形的长对角线重合，椭圆短轴的方向垂直于椭圆的长轴，即与菱形的短对角线重合。

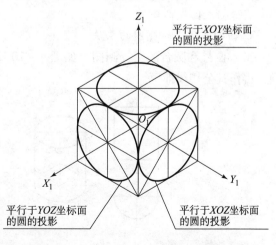

图 6 – 7 平行坐标面上圆的正等测图

通过分析，还可以看出，椭圆的长短轴和轴测轴有关，即：

（1）圆所在平面平行 XOY 面时，它的轴测投影——椭圆的长轴垂直 O_1Z_1 轴，即成水平位置，短轴平行 O_1Z_1 轴；

（2）圆所在平面平行 XOZ 面时，它的轴测投影——椭圆的长轴垂直 O_1Y_1 轴，即向右方倾斜，并与水平线成60°角，短轴平行 O_1Y_1 轴；

（3）圆所在平面平行 YOZ 面时，它的轴测投影——椭圆的长轴垂直 O_1X_1 轴，即向左方倾斜，并与水平线成60°角，短轴平行 O_1X_1 轴。

概括起来就是：平行坐标面的圆（视图上的圆）的正等测投影是椭圆，椭圆长轴垂直于不包括圆所在坐标面的那根轴测轴，椭圆短轴平行于该轴测轴。

2. 用"四心法"作圆的正等测图

"四心法"画椭圆就是用四段圆弧代替椭圆。下面以平行于 H 面（即 XOY 坐标面）的圆（图6-8）为例，说明圆的正等测图的画法。其作图方法与步骤如图6-8所示。

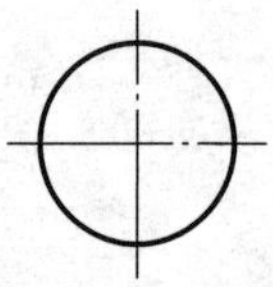

（1）出轴测轴，按圆的外切的正方形画出菱形。（图6-9（a））

（2）以 A、B 为圆心，AC 为半径画两大弧。（图6-9（b））

（3）连 AC 和 AD 分别交长轴于 M、N 两点。（图6-9（c））

（4）以 M、N 为圆心，MD 为半径画两小弧；在 C、D、E、F 处与大弧连接。（图6-9（d））

图6-8　圆

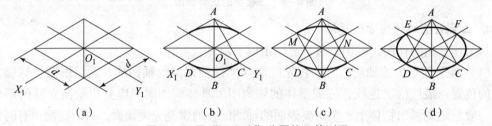

（a）　　　　　（b）　　　　　（c）　　　　　（d）

图6-9　用"四心法"作圆的正等测图

平行于 V 面（即 XOZ 坐标面）的圆、平行于 W 面（即 YOZ 坐标面）的圆的正等测图的画法都与上面类似。

3. 曲面立体正轴测图的画法

（1）圆柱和圆台的正等测图。如图6-10所示，作图时先分别作出其顶面和底面的椭圆，再作其公切线即可。

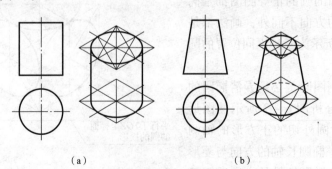

（a）　　　　　　　　　　　　（b）

图6-10　圆柱和圆台的正等测图

（a）圆柱；（b）圆台

边画图边讲解作图步骤。

（2）圆角的正等测图。圆角相当于四分之一的圆周，因此，圆角的正等测图，正好是近似椭圆的四段圆弧中的一段。作图时可简化成如图 6 - 11 所示的画法，边画图边讲解作图步骤。

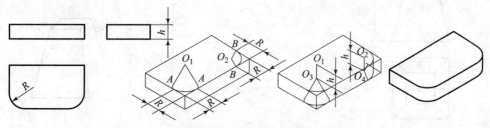

图 6 - 11　圆角的正等测图

强调：在画曲面立体的正等测图时，一定要明确圆所在平面与哪一个坐标面平行，才能确保画出的椭圆正确。画同轴并且相等的椭圆时，要善于应用移心法简化作图和保持图面的清晰。

三、斜二测图的形成和参数

1. 斜二测图的形成

如图 6 - 12（a）所示，如果使物体的 XOZ 坐标面对轴测投影面处于平行的位置，采用平行斜投影法也能得到具有立体感的轴测图，这样所得到的轴测投影就是斜二等测轴测图，简称斜二测图。

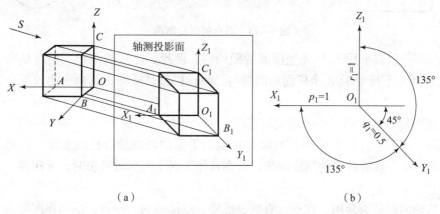

（a）　　　　　　　　　　　　　（b）

图 6 - 12　斜二测图的形成及参数

2. 斜二测图的参数

图 6 - 12（b）表示斜二测图的轴测轴、轴间角和轴向伸缩系数等参数及画法。从图中可以看出，在斜二测图中，$O_1X_1 \perp O_1Z_1$ 轴，O_1Y_1 与 O_1X_1、O_1Z_1 的夹角均为 135°，三个轴向伸缩系数分别为 $p_1 = r_1 = 1$，$q_1 = 0.5$。

3. 斜二测图的画法

斜二测图的画法与正等测图的画法基本相似，区别在于轴间角不同以及斜二测图沿 O_1Y_1 轴的尺寸只取实长的一半。在斜二测图中，物体上平行于 XOZ 坐标面的直线和平面图形均反映实长和实形，所以，当物体上有较多的圆或曲线平行于 XOZ 坐标面时，采用斜二测图比较方便。

（1）四棱台的斜二测图，作图方法与步骤如图6－13所示。

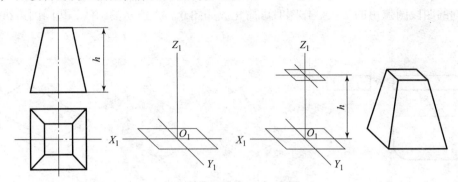

图6－13　四棱台的斜二测图

（2）圆台的斜二测图，作图方法与步骤如图6－14所示。

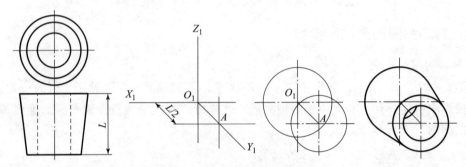

图6－14　圆台的斜二测图

必须强调：只有平行于 XOZ 坐标面的圆的斜二测投影才反映实形，仍然是圆。而平行于 XOY 坐标面和平行于 YOZ 坐标面的圆的斜二测投影都是椭圆，其画法比较复杂，本书不作讨论。

（3）正等轴测图和斜二测图的优缺点。

①在斜二测图中，由于平行于 XOZ 坐标面的平面的轴测投影反映实形，因此，当立体的正面形状复杂，具有较多的圆或圆弧，而在其他平面上图形较简单时，采用斜二测图比较方便。

②正等轴测图最为常用。优点：直观、形象，立体感强。缺点：椭圆作图复杂。

（4）简单体的轴测图。画简单体的轴测图时，首先要进行形体分析，弄清形体的组合方式及结构特点，然后考虑表达的清晰性，从而确定画图的顺序，综合运用坐标法、切割法、叠加法等画出简单体的轴测图。

举例题说明不同形状特点的简单体轴测图的具体画法。

【例6－1】　求作切割体（图6－15（a））的正等测图。

分析：该切割体由一长方体切割而成。画图时应先画出长方体的正等测图，再用切割法逐个画出各切割部分的正等测图，即可完成。具体作图方法和步骤如图6－15所示。

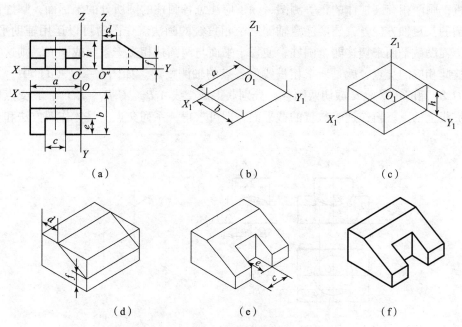

图6-15　切割体的正等测图

【例6-2】　求作支座（图6-16（a））的正等测图。

分析：支座由带圆角的底板、带圆弧的竖板和圆柱凸台组成。画图时应按照叠加的方法，逐个画出各部分形体的正等测图，即可完成。具体作图方法和步骤如图6-16所示。

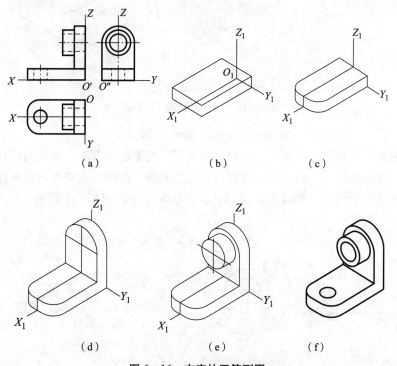

图6-16　支座的正等测图

【例6-3】　求作相交两圆柱，如图6-17（a）所示正等测图。

分析：画两相交圆柱体的正等测图，除了应注意各圆柱的圆所处的坐标面，掌握正等测图中椭圆的长短轴方向外，还要注意轴测图中相贯线的画法。作图时可以运用辅助平面法，即用若干辅助截平面来切这两个圆柱，使每个平面与两圆柱相交于素线或圆周，则这些素线或圆周彼此相应的交点，就是所求相贯线上各点的轴测投影。如图 6-17（d）中，是以平行于 $X_1O_1Z_1$ 面的正平面 R 截切两圆柱，分别获得截交线 A_1B_1、C_1D_1、E_1F_1，其交点 Ⅳ、Ⅴ 即为相贯线上的点。再作适当数量的截平面，即可求得一系列交点。具体作图方法和步骤如图 6-17 所示。

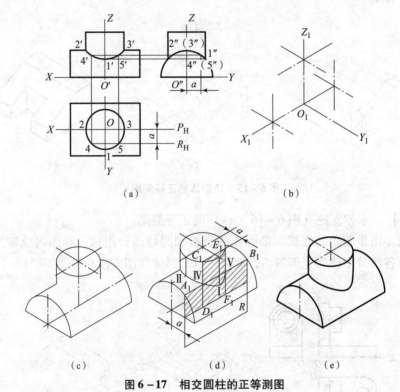

图 6-17　相交圆柱的正等测图

【例 6-4】　求作端盖，如图 6-18（a）所示轴测图。

分析：端盖的形状特点是在一个方向的相互平行的平面上有圆。如果画成正等测图，则由于椭圆数量过多而显得烦琐，可以考虑画成斜二测图，作图时选择各圆的平面平行于坐标面 XOZ，即端盖的轴线与 Y 轴重合，具体作图方法和步骤如图 6-18 所示。

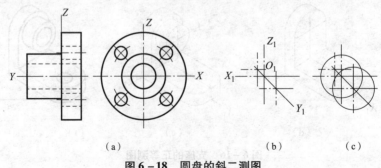

图 6-18　圆盘的斜二测图

（d）　　　　　　　　（e）　　　　　　　　（f）

图 6 – 18　圆盘的斜二测图（续）

任务评价

采用教师批改、讲评与学生互评相结合。评价内容：活动是否积极，是否能正确使用绘图仪器与绘图工具，作图步骤是否正确，图形是否正确，图线角度是否正确，线条是否规范，图面是否整洁。

实作练习

绘制轴测图（习题图 6 – 19）。

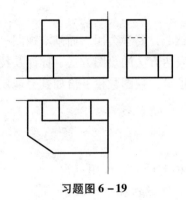

习题图 6 – 19

机件的表达方法

前面学习了用三视图表达组合体形状的方法，但仅用三视图是很难将机件的内、外形状和结构表达清楚的，在学习情境里，将学习更多的表达方法 GB/T 4458.6—2002《图样画法、剖视图和断面图》，以更便捷地表达机件。

任务七　用视图综合表达机件

学习目标

在熟悉组合体三视图的基础上，要学会用六面基本视图、向视图、局部视图、斜视图表达物体形状的特征，掌握这些表达方法的绘图方法、标注及技巧，重点是根据形状的结构形状运用恰当的表达方法，以尽量少的视图数量、恰如其分地反映形体每部分的形状，简捷易懂，以提高绘图读图水平。

任务设计

机件的结构形状往往是多种多样的，仅用三视图来表达，是难以将机件的内、外形状和结构表达清楚的。如图 7 - 1 所示机件的立体图，若用画三视图的方法，因侧面连接板看不见，投影虚线较多，且作图烦琐。在这一课题中将运用正投影的原理，介绍完整、清晰、准确、简捷地表达各类机件的外部结构形状的基本方法，为画图和识图打下更好的基础。

图 7 - 1　机件立体图

相关知识

国家标准 GB/T 17451—1998、GB/T 4458.1—2002 对视图作了相关规定。视图主要用来表达机件的外部结构形状。视图分为基本视图、向视图、局部视图和斜视图。

一、基本视图

当机件的外部结构形状在各个方向（上下、左右、前后）都不相同时，三视图往往不能清晰地把它表达出来。因此，必须加上更多的投影面，以得到更多的视图。

1. 概念

为了清晰地表达机件六个方向的形状，可在 H、V、W 三投影面的基础上，再增加三个基本投影面。这六个基本投影面组成了一个方箱，把机件围在当中，如图 7 – 2（a）所示。机件在每个基本投影面上的投影，都称为基本视图。图 7 – 2（b）表示机件投影到六个投影面上后，投影面展开的方法。展开后，六个基本视图的配置关系和视图名称见图 7 – 2（c）。按图 7 – 2（b）所示位置在一张图纸内的基本视图，一律不注视图名称。

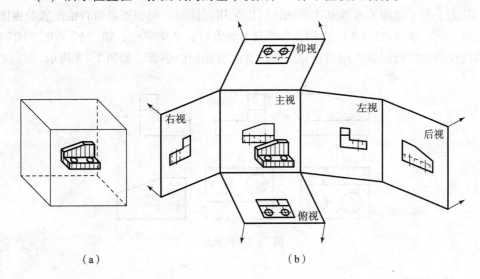

（a）　　　　　　　　　　　　　　（b）

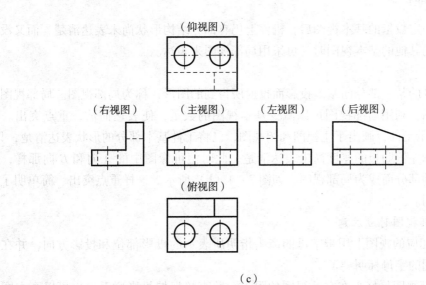

（c）

图 7 – 2　六个基本视图

2. 投影规律

六个基本视图之间，仍然保持着与三视图相同的投影规律，即：

主、俯、仰、（后）：长对正；

主、左、右、后：高平齐；

俯、左、仰、右：宽相等。

另外，除后视图以外，各视图的里边（靠近主视图的一边），均表示机件的后面，各视图的外边（远离主视图的一边），均表示机件的前面，即"里后外前"。

强调：虽然机件可以用六个基本视图来表示，但实际上画哪几个视图，要看具体情况而定。

二、向视图

有时为了便于合理地布置基本视图，可以采用向视图。向视图是可自由配置的视图，它的标注方法为：在向视图的上方注写"X"（X 为大写的英文字母，如"A""B""C"等），并在相应视图的附近用箭头指明投影方向，并注写相同的字母，如图 7 - 3 所示。

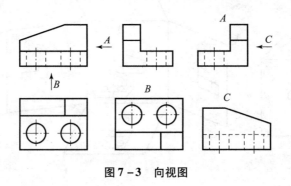

图 7 - 3　向视图

三、局部视图

当采用一定数量的基本视图后，机件上仍有部分结构形状尚未表达清楚，而又没有必要再画出完整的其他的基本视图时，可采用局部视图来表达。

1. 概念

只将机件的某一部分向基本投影面投射所得到的图形，称为局部视图。局部视图是不完整的基本视图，利用局部视图可以减少基本视图的数量，使表达简洁，重点突出。例如图 7 - 4（a）所示工件，画出了主视图和俯视图，已将工件基本部分的形状表达清楚，只有左、右两侧凸台和左侧肋板的厚度尚未表达清楚，此时便可像图中的 A 向和 B 向那样，只画出所需要表达的部分而成为局部视图，如图 7 - 4（b）所示。这样重点突出、简单明了，有利于画图和看图。

2. 画局部视图时应注意

（1）在相应的视图上用带字母的箭头指明所表示的投影部位和投影方向，并在局部视图上方用相同的字母标明"X"。

（2）局部视图最好画在有关视图的附近，并直接保持投影联系。也可以画在图纸内的其他地方，如图 7 - 4（b）中右下角画出的"B"。当表示投影方向的箭头标在不同的视图上时，同一部位的局部视图的图形方向可能不同。

（3）局部视图的范围用波浪线表示，如图 7 - 4（b）中"A"。所表示的图形结构完整且外轮廓线又封闭时，则波浪线可省略，如图 7 - 4（b）中"B"。

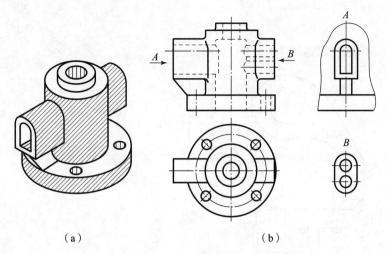

（a） （b）

图7-4 局部视图

四、斜视图

1. 概念

将机件向不平行于任何基本投影面的投影面进行投影，所得到的视图称为斜视图。斜视图适合于表达机件上的斜表面的实形。例如图7-5所示是一个弯板形机件，它的倾斜部分在俯视图和左视图上的投影都不是实形。此时就可以另外加一个平行于该倾斜部分的投影面，在该投影面上则可以画出倾斜部分的实形投影，如图7-5中的"A"向所示。

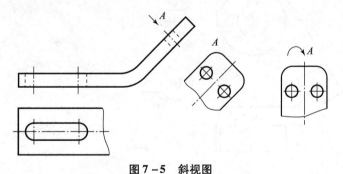

图7-5 斜视图

2. 标注

斜视图的标注方法与局部视图相似，并且应尽可能配置在与基本视图直接保持投影联系的位置，也可以平移到图纸内的适当地方。为了画图方便，也可以旋转，但必须在斜视图上方注明旋转标记，如图7-5所示。

3. 注意

画斜视图时增设的投影面只垂直于一个基本投影面，因此，机件上原来平行于基本投影面的一些结构，在斜视图中最好以波浪线为界而省略不画，以避免出现失真的投影。在基本视图中也要注意处理好这类问题，如图7-5中不用俯视图而用"A"向视图，即是例子。

任务实施

1. 用所学知识综合表达图 7-6 所示压紧杆。

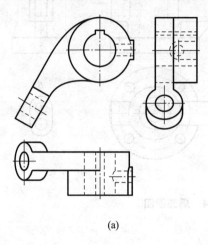

(a)

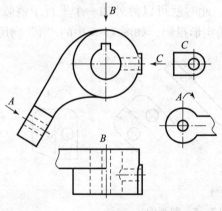

(b)

图 7-6　合理选择视图

（a）压紧杆表达方案一；（b）压紧杆表达方案二

2. 用恰当的方案表达图 7 – 7 所示立体。

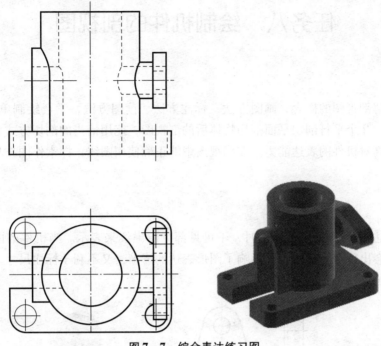

图 7 – 7 综合表达练习图

任务评价

采用教师批改、讲评与学生互评相结合。评价内容：是否积极参与表达方案讨论，是否勤于思考，表达方案是否合理、简洁、易读，标注是否正确；图线有无遗漏、错画，图面是否整洁。

实作练习

1. 练习绘制物体的六面基本视图。
2. 绘制物体的局部视图、斜视图等。
3. 用所学内容去表达绘制组合体视图练习。

任务八　绘制机件的剖视图

学习目标

正确地理解剖视图的概念、画图方法、标注方法、读图方法，学会绘制单一剖切平面、相交剖切平面、几个平行剖切平面剖切物体后的剖视图，能用恰当的剖切方式表达机件内部结构形状，提高对机件的表达能力。在剖视图中能正确使用图线，探索作图技巧以提高绘图技能。

任务设计

用视图表达图 8-1 所示的压盖时，不可见部分由虚线来表示。当机件的内部结构较复杂时，在图中会出现很多虚线，既影响了图形表达的清晰，又不利于标注尺寸。内部结构如何表达？解决的办法就是使用剖视图。

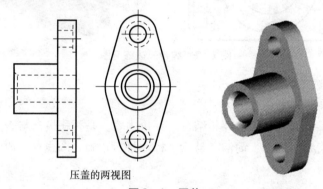

压盖的两视图

图 8-1　压盖

相关知识

一、剖视图的概念

（一）剖视图的形成

1. 概念

想用一剖切平面剖开机件，然后将处在观察者和剖切平面之间的部分移去，而将其余部分向投影面投影所得的图形，称为剖视图（简称剖视）。

2. 举例

例如，图 8-2（a）所示的机件，在主视图中，用虚线表达其内部结构，不够清晰。按照图 8-2（b）所示的方法，假想沿机件前后对称平面把它剖开，拿走剖切平面前面的部分后，将后面部分再向正投影面投影，这样，就得到了一个剖视的主视图。图 8-2（c）表示机件剖视图的画法。

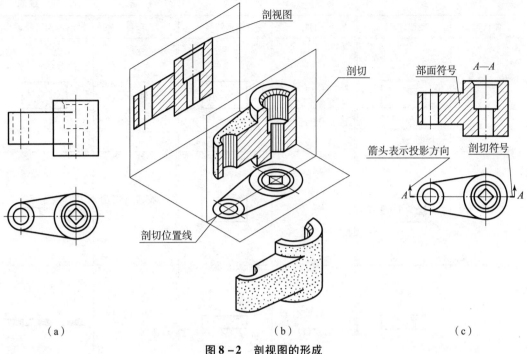

（a）　　　　　　　　　　　　（b）　　　　　　　　　　　（c）

图 8 – 2　剖视图的形成

（二）剖视图的画法

画剖视图时，首先要选择适当的剖切位置，使剖切平面尽量通过较多的内部结构（孔、槽等）的轴线或对称平面，并平行于选定的投影面。例如，在图 8 – 2 中，以机件的前后对称平面为剖切平面。其次，内外轮廓要画齐。机件剖开后，处在剖切平面之后的所有可见轮廓线都应画齐，不得遗漏。最后要画上剖面符号。在剖视图中，凡是被剖切的部分应画上剖面符号。表 8 – 1 列出了常见的材料由国家标准《机械制图　剖面区域的表示法》（GB/T 4457.5—2013）规定的剖面符号。

表 8 – 1　常见材料的剖面符号

项目	图形符号	项目	图形符号	项目	图形符号
金属材料（已有规定剖面符号者除外）		线圈绕组元件		砖	
非金属材料（已有规定剖面符号者除外）		转子、电枢、变压器和电抗器等的叠钢片		混凝土	

项目		图形符号	项目	图形符号	项目	图形符号
木材	纵剖面		型砂、填砂、砂轮、陶瓷及硬质合金刀片、粉末冶金等		钢筋混凝土	
	横剖面		液体		基础周围的泥土	
玻璃及供观察用的其他透明材料			木质胶合板（不分层数）		格网（筛网、过滤网等）	

金属材料的剖面符号，应画成与水平方向成45°的互相平行、间隔均匀的细实线。同一机件各个视图的剖面符号应相同。但是如果图形的主要轮廓线与水平方向成45°或接近45°时，该图剖面线应画成与水平方向成30°或60°角，其倾斜方向仍应与其他视图的剖面线一致，如图 8 - 3 所示。

（三）剖视图的标注

剖视图的一般应该包括三步分：剖切平面的位置、投影方向和剖视图的名称。标注方法如图 8 - 2 所示：在剖视图中用剖切符号（即粗短线）标明剖切平面的位置，并写上字母；用箭头指明投影方向；在剖视图上方用相同的字母标出剖视图的名称"X—X"。

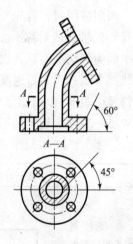

图 8 - 3　金属材料剖视图

（四）画剖视图应注意的问题

（1）剖视只是一种表达机件内部结构的方法，并不是真正剖开和拿走一部分。因此，除剖视图以外，其他视图要按原来形状画出。

（2）剖视图中一般不画虚线，但如果画少量虚线可以减少视图数量，而又不影响剖视图的清晰时，也可以画出这种虚线。

（3）机件剖开后，凡是看得见的轮廓线都应画出，不能遗漏。要仔细分析剖切平面后面的结构形状，分析有关视图的投影特点，以免画错。如图 8 - 4 所示是剖面形状相同，但剖切平面后面的结构不同的三块底板的剖视图的例子。要注意区别它们不同之处在什么地方。

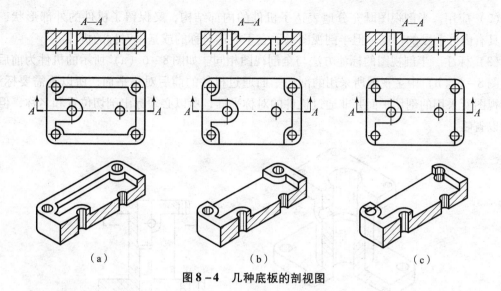

图 8-4　几种底板的剖视图

二、剖视图的分类

1. 全剖视图

（1）概念。用剖切平面，将机件全部剖开后进行投影所得到的剖视图，称为全剖视图（简称全剖视）。图 8-5 所示主视图和左视图均为全剖视图。

（2）应用。全剖视图一般用于表达外部形状比较简单，内部结构比较复杂的机件。

（3）标注。当剖切平面通过机件的对称（或基本对称）平面，且全剖视图按投影关系配置，中间又无其他视图隔开时，可以省略标注，否则必须按规定方法标注。如图 8-5 中的主视图的剖切平面通过对称平面，所以省略了标注；而左视图的剖切平面不是通过对称平面，则必须标注，但它是按投影关系配置的，所以箭头可以省略。

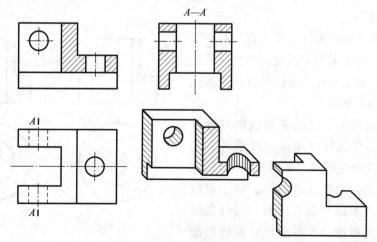

图 8-5　全剖视图及其标注

2. 半剖视图

（1）概念。当机件具有对称平面时，以对称中心线为界，在垂直于对称平面的投影面上投影得到的，由半个剖视图和半个视图合并组成的图形称为半剖视图。

（2）应用。半剖视图既充分地表达了机件的内部结构，又保留了机件的外部形状，因此它具有内外兼顾的特点。但半剖视图只适宜于表达对称的或基本对称的机件。

（3）标注。半剖视图的标注方法与全剖视图相同。如图8-6（a）所示的机件为前后对称，图8-6（b）中主视图所采用的剖切平面通过机件的前后对称平面，所以不需要标注；而俯视图所采用的剖切平面并非通过机件的对称平面，所以必须标出剖切位置和名称，但箭头可以省略。

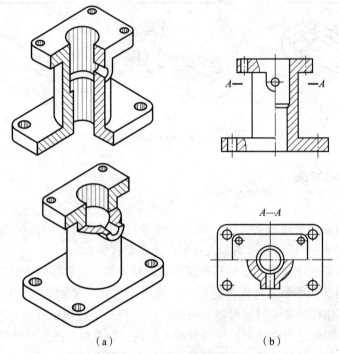

（a）　　　　　　　　　　（b）

图8-6　半剖视图及其标注

（4）注意事项。

①具有对称平面的机件，在垂直于对称平面的投影面上，才宜采用半剖视。如机件的形状接近于对称，而不对称部分已另有视图表达时，也可以采用半剖视。

②半个剖视和半个视图必须以细点画线为界。如果作为分界线的细点画线刚好和轮廓线重合，则应避免使用。如图8-7所示主视图，尽管图的内外形状都对称，似乎可以采用半剖视。但采用半剖视图后，其分界线恰好和内轮廓线相重合，不满足分界线是细点画线的要求，所以不应用半剖视表达，而宜采取局部剖视表达，并且用波浪线将内、外形状分开。

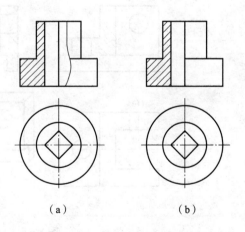

（a）　　　　　　　（b）

图8-7　对称机件的局部剖视

（a）正确；（b）错误

③半剖视图中的内部轮廓在半个视图中不必再用虚线表示。

3．局部剖视图

（1）概念。将机件局部剖开后进行投影得到的剖视图称为局部剖视图。局部剖视图也是在同一视图上同时表达内外形状的方法，并且用波浪线作为剖视图与视图的界线。图8－7的主视图和图8－8的主视图和左视图，均采用了局部剖视图。

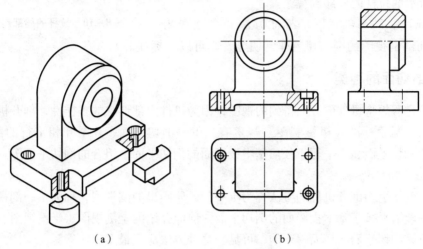

（a）　　　　　　　　　　　　（b）

图8－8　局部剖视图

（2）应用。从以上几例可知，局部剖视是一种比较灵活的表达方法，剖切范围根据实际需要决定。但使用时要考虑到看图方便，剖切不要过于零碎。它常用于下列两种情况：

①机件只有局部内形要表达，而又不必或不宜采用全剖视图时；

②不对称机件需要同时表达其内、外形状时，宜采用局部剖视图。

（3）波浪线的画法。表示视图与剖视范围的波浪线，可看作机件断裂痕迹的投影，波浪线的画法应注意以下几点：

①波浪线不能超出图形轮廓线。如图8－9（a）所示。

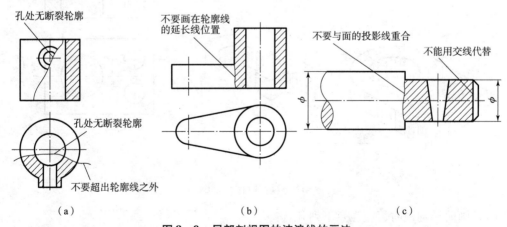

（a）　　　　　　　　　　　　（b）　　　　　　　　　　　　（c）

图8－9　局部剖视图的波浪线的画法

②波浪线不能穿孔而过，如遇到孔、槽等结构时，波浪线必须断开。如图8－9（a）所示。

③波浪线不能与图形中任何图线重合，也不能用其他线代替或画在其他线的延长线上。如图 8 – 9（b）、（c）所示。

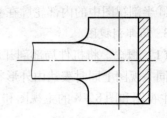

④当被剖切部位的局部结构为回转体时，允许将该结构的中心线作为局部剖视图与视图的分界线。如图 8 – 10 所示的拉杆的局部剖视图。

图 8 – 10　拉杆的局部剖视图

（4）标注。局部剖视图的标注方法和全剖视相同。但如局部剖视图的剖切位置非常明显，则可以不标注。

三、剖切面的种类

剖视图是假想将机件剖开而得到的视图，因为机件内部形状的多样性，剖开机件的方法也不尽相同。国家标准《机械制图》规定有：单一剖切平面、几个互相平行的剖切平面、两个相交的剖切平面、不平行于任何基本投影面的剖切平面、组合的剖切平面等。

1. 单一剖切平面

用一个剖切平面剖开机件的方法称为单一剖，所画出的剖视图，称为单一剖视图。单一剖切平面一般为平行于基本投影面的剖切平面。前面介绍的全剖视图、半剖视图、局部剖视图均为用单一剖切平面剖切而得到的，可见，这种方法应用最多。

2. 几个互相平行的剖切平面

（1）概念。用两个或多个互相平行的剖切平面把机件剖开的方法，称为阶梯剖，所画出的剖视图，称为阶梯剖视图。它适宜于表达机件内部结构的中心线排列在两个或多个互相平行的平面内的情况。

（2）举例。例如图 8 – 11（a）所示机件，内部结构（小孔和沉孔）的中心位于两个平行的平面内，不能用单一剖切平面剖开，而是采用两个互相平行的剖切平面将其剖开，主视图即为采用阶梯剖方法得到的全剖视图，如图 8 – 11（c）所示。

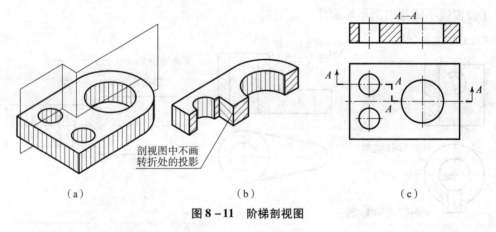

剖视图中不画转折处的投影

（a）　　　　　　　　　（b）　　　　　　　　　（c）

图 8 – 11　阶梯剖视图

（3）画阶梯剖视时，应注意下列几点：

①为了表达孔、槽等内部结构的实形，几个剖切平面应同时平行于同一个基本投影面。

②两个剖切平面的转折处，不能划分界线，如图 8 – 11（b）所示。因此，要选择一个恰当的位置，使之在剖视图上不致出现孔、槽等结构的不完整投影。当它们在剖视图上有共

同的对称中心线和轴线时，也可以各画一半，这时细点画线就是分界线。如图 8 – 12 所示。

③阶梯剖视必须标注，标注方法如图 8 – 11 （c） 所示。在剖切平面迹线的起始、转折和终止的地方，用剖切符号（即粗短线）表示它的位置，并写上相同的字母；在剖切符号两端用箭头表示投影方向（如果剖视图按投影关系配置，中间又无其他图形隔开时，可省略箭头）；在剖视图上方用相同的字母标出名称"$X—X$"。

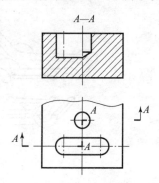

图 8 – 12　阶梯剖视的特例

3. 两个相交的剖切平面

（1）概念。用两个相交的剖切平面（交线垂直于某一基本投影面）剖开机件的方法称为旋转剖，所画出的剖视图，称为旋转剖视图。

（2）举例。如图 8 – 13 所示的法兰盘，它中间的大圆孔和均匀分布在四周的小圆孔都需要剖开表示，如果用相交于法兰盘轴线的侧平面和正垂面去剖切，并将位于正垂面上的剖切面绕轴线旋转到和侧面平行的位置，这样画出的剖视图就是旋转剖视图。可见，旋转剖适用于有回转轴线的机件，而轴线恰好是两剖切平面的交线。并且两剖切平面一个为投影面平行面，一个为投影面垂直面，如图 8 – 13 （b） 所示法兰盘是用旋转剖视表示的。

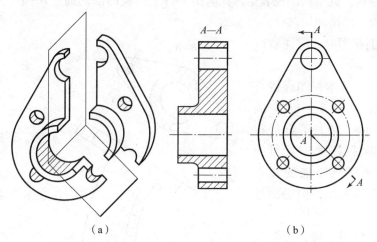

（a）　　　　　　　　　　　　　（b）

图 8 – 13　法兰盘的旋转剖视图

同理，如图 8 – 14 所示的摇臂，也可以用旋转剖视表达。

（3）画旋转剖视图时应注意以下两点：

①倾斜的平面必须旋转到与选定的基本投影面平行，以使投影能够表达实形。但剖切平面后面的结构，一般应按原来的位置画出它的投影，如图 8 – 14 （b） 所示。

②旋转剖视图必须标注，标注方法与阶梯剖视相同，如图 8 – 13 （b）、图 8 – 14 （b） 所示。

4. 不平行于任何基本投影面的剖切平面

（1）概念。用不平行于任何基本投影面的剖切平面剖开机件的方法称为斜剖，所画出的剖视图，称为斜剖视图。斜剖视适用于机件的倾斜部分需要剖开以表达内部实形的时候，并且内部实形的投影是用辅助投影面法求得的。

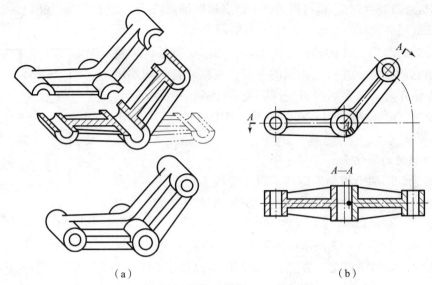

（a）　　　　　　　　　　　　　　（b）

图 8 – 14　摇臂的旋转剖视图

（2）举例。如图 8 – 15 所示机件，它的基本轴线与底板不垂直。为了清晰表达弯板的外形和小孔等结构，宜用斜剖视表达。此时用平行于弯板的剖切面"B—B"剖开机件，然后在辅助投影面上求出剖切部分的投影即可。

（3）画斜剖视图时，应注意以下几点：

①剖视最好与基本视图保持直接的投影联系，如图 8 – 15 中的"B—B"。必要时（如为了合理布置图幅）可以将斜剖视画到图纸的其他地方，但要保持原来的倾斜度，也可以转平后画出，但必须加注旋转符号。

②斜剖视主要用于表达倾斜部分的结构。机件上凡在斜剖视图中失真的投影，一般应避免表示。例如在图 8 – 15 中，按主视图上箭头方向取视图，就避免了画圆形底板的失真投影。

③斜剖视图必须标注，标注方法如图 8 – 15 所示，箭头表示投影方向。

5. 组合的剖切平面

（1）概念。当机件的内部结构比较复杂，用阶梯剖或旋转剖仍不

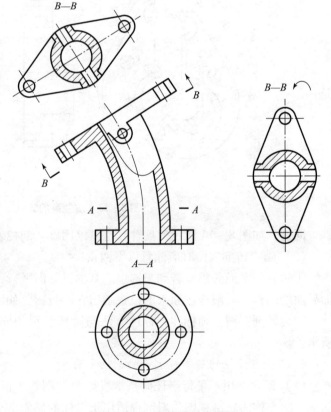

图 8 – 15　机件的斜剖视图

能完全表达清楚时，可以采用以上几种剖切平面的组合来剖开机件，这种剖切方法，称为复合剖，所画出的剖视图，称为复合剖视图。

（2）举例。如图8-16（a）所示的机件，为了在一个图上表达各孔、槽的结构，便采用了复合剖视，如图8-16（b）所示。应特别注意复合剖视图中的标注方法。

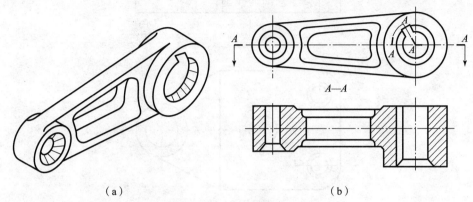

（a）　　　　　　　　　　　　　（b）

图 8-16　机件的复合剖视图

任务实施

1. 如习题图8-17所示，将主视图改为半剖视图，左视图改为全剖视图。

2. 如习题图8-18所示，将主视图、俯视图改成恰当的局部剖。

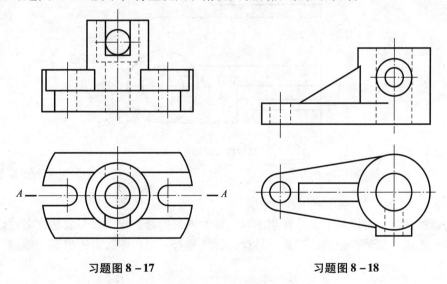

习题图 8-17　　　　　　　　　　习题图 8-18

3. 如习题图8-19所示，将主视图改成阶梯剖视图。

4. 如习题图8-20所示，将主视图改成恰当的剖视图。

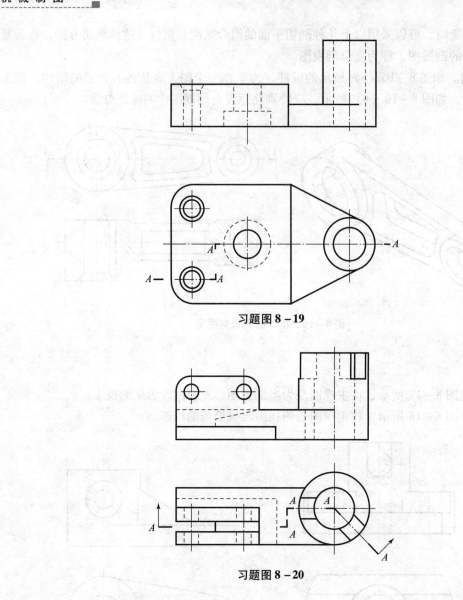

习题图 8 – 19

习题图 8 – 20

任务评价

采用教师批改、讲评与学生互评相结合。评价内容：是否积极参与表达方案讨论，是否勤于思考，表达方案是否合理、简洁、易读，标注是否正确；图线有无遗漏、错画，图面是否整洁。

实作练习

绘制各种类型的剖视图。

任务九 绘制机件的断面图

学习目标

正确理解断面图的概念、画图方法、标注方法、读图方法，掌握断面图与剖视图的区别，正确使用断面图，提高对机件的表达能力。在断面图中能正确使用图线，探索作图技巧以提高绘图技能。

任务设计

用视图表达阶梯轴、杆件、型材等零件结构时，除横向投影的视图外，其他图则图线重叠较多。如图9-1所示轴，左视图虚线圆重叠较多，感觉这样的图形较乱。若只画出某一需要表达的断面图形，就没有那么多的图线，也不影响图形表达的清晰，这样的画图方法就是断面图。

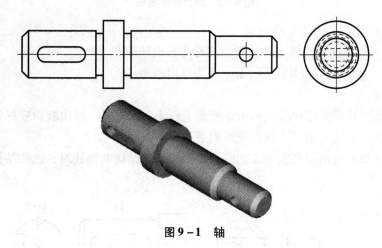

图9-1 轴

相关知识

国家标准 GB/T 17452—1998 和 GB/T 4458.6—2002 规定了断面图的表达方式。

（一）断面图的基本概念

1. 概念

假想用剖切平面将机件在某处切断，只画出切断面形状的投影并画上规定的剖面符号的图形，称为断面图，简称为断面。如图9-2所示。

2. 断面图与剖视图的区别

断面图仅画出机件断面的图形，而剖视图则要画出剖切平面以后的所有部分的投影，如图9-2（c）所示。

（二）断面图的分类

断面图分为移出断面图和重合断面图两种。

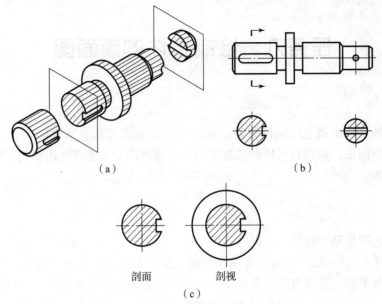

（a） （b）

剖面 剖视

（c）

图9-2 断面图的画法

1. 移出断面图

（1）概念。画在视图轮廓之外的断面图称为移出断面图。

（2）举例。如图9-2（b）所示断面即为移出断面。

（3）画法要点。

①移出断面的轮廓线用粗实线画出，断面上画出剖面符号。移出断面应尽量配置在剖切平面的延长线上，必要时也可以画在图纸的适当位置。

②当剖切平面通过由回转面形成的圆孔、圆锥坑等结构的轴线时，这些结构应按剖视画出，如图9-3所示。

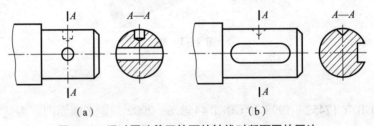

（a） （b）

图9-3 通过圆孔等回转面的轴线时断面图的画法

③当剖切平面通过非回转面，会导致出现完全分离的断面时，这样的结构也应按剖视画出，如图9-4所示。

2. 重合断面图

画在视图轮廓之内的断面图称为重合断面图。如图9-5所示的断面即为重合断面。

为了使图形清晰，避免与视图中的线

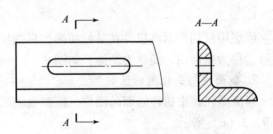

图9-4 断面分离时的画法

条混淆，重合断面的轮廓线用细实线画出。当重合断面的轮廓线与视图的轮廓线重合时，仍按视图的轮廓线画出，不应中断，如图 9 – 5（a）所示。

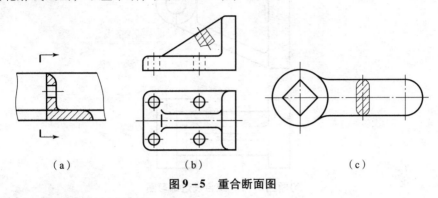

（a）　　　　　　　　（b）　　　　　　　　　（c）

图 9 – 5　重合断面图

（三）剖切位置与标注

（1）当移出断面不画在剖切位置的延长线上时，如果该移出断面为不对称图形，必须标注剖切符号与带字母的箭头，以表示剖切位置与投影方向，并在断面图上方标出相应的名称 "$X—X$"；如果该移出断面为对称图形，因为投影方向不影响断面形状，所以可以省略箭头。

（2）当移出断面按照投影关系配置时，不管该移出断面为对称图形还是不对称图形，因为投影方向明显，所以可以省略箭头。

（3）当移出断面画在剖切位置的延长线上时，如果该移出断面为对称图形，只需用细点画线标明剖切位置，可以不标注剖切符号、箭头和字母；如果该移出断面为不对称图形，则必须标注剖切位置和箭头，但可以省略字母。

（4）当重合断面为不对称图形时，需标注其剖切位置和投影方向，如图 9 – 5（a）所示；当重合断面为对称图形时，一般不必标注，如图 9 – 5（b）所示。

任务实施

1. 如习题图 9 – 6 所示，画出轴上指定位置的断面图（A 处键槽深 3.5 mm，B 处为前后对称的平面，D 处为键槽深 3 mm）。如图 9 – 6 所示。

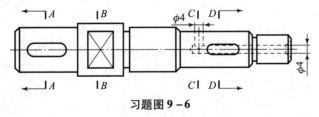

习题图 9 – 6

2. 如习题图 9 – 7 所示，画出工字型斜支撑板的断面图。

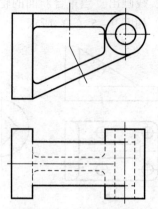

习题图 9 - 7　综合表达练习图

任务评价

采用学生互评与教师批改、讲评相结合。评价内容：是否积极参与表达方案讨论，是否勤于思考，端面表达方案是否合理、简洁、易读，配置位置是否正确，标注是否正确；图线有无遗漏、错画，图面是否整洁。

实作练习

绘制各种类型断面图。

任务十　综合表达机件

学习目标

巩固视图、剖视图、断面图等相关知识，将物体的表达方法融会贯通综合应用于较复杂的形体，熟悉《技术制图简化表示法第1部分：图样画法》（GB/T 16675.1—2012）简化画法标准，提高对机件的综合表达能力，提高绘图读图技能。

任务设计

如图10-1所示的四通管接头，由一个主管和四个连接法兰盘组成，中部两法兰盘为交错布置，其轴线不在同一平面内。这样的结构仅靠某一种表达方法是难以奏效的，只有综合应用相关知识，以最简洁的方案表达这一形体。在这一课题里，我们重点分析如何运用表达方法，在具体的形体中如何选用表达方法，以提高综合表达能力。

图10-1　四通管接头立体图

相关知识

一、局部放大图

1. 概念

机件上某些细小结构在视图中表达的还不够清楚，或不便于标注尺寸时，可将这些部分用大于原图形所采用的比例画出，这种图称为局部放大图，如图10-2所示。

2. 标注

局部放大图必须标注，标注方法是：在视图上画一细实线圆，标明放大部位，在放大图的上方注明所用的比例，即图形大小与实物大小之比（与原图上的比例无关），如果放大图不止一个时，还要用罗马数字编号以示区别。

注意：局部放大图可画成视图、剖视图、断面图，它与被放大部位的表达方法无关。局部放大图应尽量配置在被放大部位的附近。

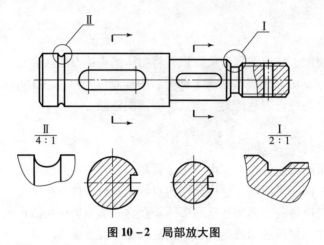

图 10 - 2　局部放大图

二、有关肋板、轮辐等结构的画法

（1）机件上的肋板、轮辐及薄壁等结构，如纵向剖切都不要画剖面符号，而且用粗实线将它们与其相邻结构分开，如图 10 - 3 所示。

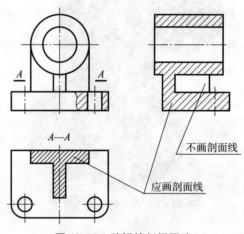

图 10 - 3　肋板的剖视画法

（2）回转体上均匀分布的肋板、轮辐、孔等结构不处于剖切平面上时，可将这些结构假想旋转到剖切平面上画出。如图 10 - 4 所示。

三、相同结构的简化画法

当机件上具有若干相同结构（齿、槽、孔）等，并按一定规律分布时，只需画出几个完整结构，其余用细实线相连或标明中心位置，并注明总数，如图 10 - 5 所示。

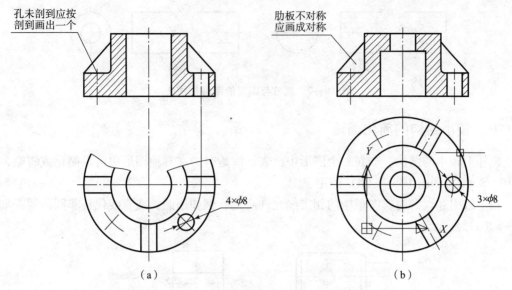

图 10 - 4　均匀分布的肋板、孔的剖切画法

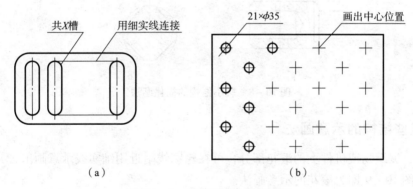

图 10 - 5　相同结构的简化画法

四、较长机件的折断画法

较长的机件（轴、杆、型材）等，沿长度方向的形状一致或按一定规律变化时，可断开缩短绘制，但必须按原来实长标注尺寸，如图 10 - 6 所示。

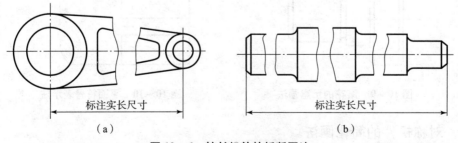

图 10 - 6　较长机件的折断画法

机件断裂边缘常用波浪线画出，圆柱断裂边缘常用花瓣形画出，如图 10 - 7 所示。

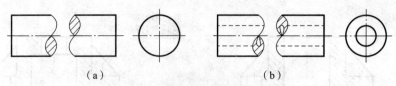

图 10 −7　圆柱与圆筒的断裂处画法

五、较小结构的简化画法

机件上较小的结构，如在一个图形中已表示清楚时，在其他图形中可以简化或省略，如图 10 −8（a）和图 10 −8（b）的主视图。

在不致引起误解时，图形中的相贯线允许简化，例如用圆弧或直线代替非圆曲线，如图 10 −8（a）所示。

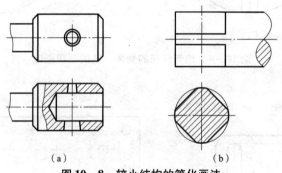

图 10 −8　较小结构的简化画法

六、某些结构的示意画法

网状物、编织物或机件上的滚花部分，可在轮廓线附近用细实线示意画出，并标明其具体要求。如图 10 −9 即为滚花的示意画法。

当图形不能充分表达平面时，可以用平面符号（相交细实线）表示，如图 10 −10 所示。如已表达清楚，则可不画平面符号，如图 10 −8（b）所示。

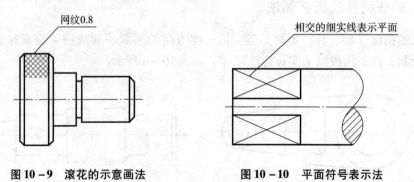

图 10 −9　滚花的示意画法　　　　　图 10 −10　平面符号表示法

七、对称机件的简化画法

在不致引起误解时，对于对称机件的视图可以只画 1/2 或 1/4，并在对称中心线的两端画出两条与其垂直的平行细实线，如图 10 −11 所示。

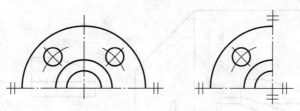

图 10 - 11　对称机件的简化画法

八、允许省略剖面符号的移出断面

在不致引起误解时，零件图中的移出断面，允许省略剖面符号，但剖切位置和断面图的标注，必须按规定的方法标出，如图 10 - 12 所示。

九、第三角画法简介

我国的工程图样是按正投影法并采用第一角画法绘制的。而有些国家（如英、美等国）的图样是按正投影法并采用第三角画法绘制的。

1. 第三角投影法的概念

如图 10 - 13 所示，由三个互相垂直相交的投影面组成的投影体系，把空间分成了 8 个部分，每一部分为一个分角，依次为 Ⅰ、Ⅱ、Ⅲ、Ⅳ……Ⅶ、Ⅷ分角。将机件放在第一分角进行投影，称为第一角画法。而将机件放在第三分角进行投影，称为第三角画法。

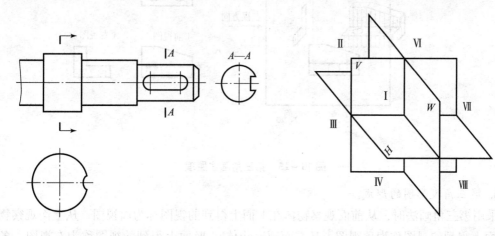

图 10 - 12　移出剖面的简化画法　　　　　　图 10 - 13　空间的 8 个分角

2. 第三角画法与第一角画法的区别

两种画法的区别，在于人（观察者）、物（机件）、图（投影面）的位置关系不同。采用第一角画法时，是把投影面放在观察者与物体之间，从投影方向看是"人、物、图"的关系，如图 10 - 14 所示。

采用第三角画法时，是把物体放在观察者与投影面之间，从投影方向看是"人、物、图"的关系，如图 10 - 15 所示。投影时就好像隔着"玻璃"看物体，将物体的轮廓形状印在"玻璃"（投影面）上。

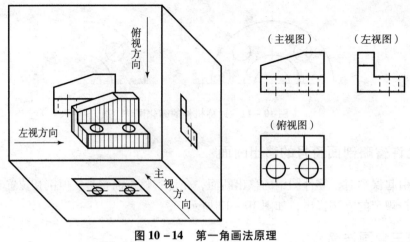

图 10-14 第一角画法原理

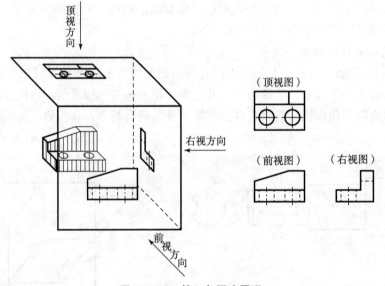

图 10-15 第三角画法原理

3. 第三角投影图的形成

采用第三角画法时，从前面观察物体在 V 面上得到的视图称为前视图；从上面观察物体在 H 面上得到的视图称为顶视图；从右面观察物体在 W 面上得到的视图称为右视图。各投影面的展开方法是：V 面不动，H 面向上旋转 90°，W 面向右旋转 90°，使三投影面处于同一平面内，如图 10-16（a）所示。展开后三视图的配置关系如图 10-15 所示。

采用第三角画法时也可以将物体放在正六面体中，分别从物体的六个方向向各投影面进行投影，得到六个基本视图，即在三视图的基础上增加了后视图（从后往前看）、左视图（从左往右看）、底视图（从下往上看）。展开后六视图的配置关系如图 10-16（b）所示。

4. 第一角和第三角画法的识别符号

在国际标准中规定，可以采用第一角画法，也可以采用第三角画法。为了区别这两种画法，规定在标题栏中专设的格内用规定的识别符号表示。GB/T 14692—1997 中规定的识别符号如图 10-17 所示。

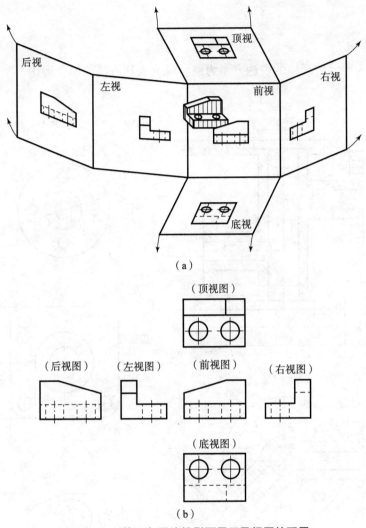

（a）

（顶视图）

（后视图）　　（左视图）　　（前视图）　　（右视图）

（底视图）

（b）

图 10 - 16　第三角画法投影面展开及视图的配置

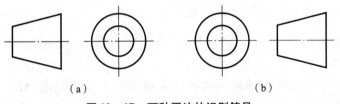

（a）　　　　　　　　　　　　　　　　（b）

图 10 - 17　两种画法的识别符号

（a）第一角画法用；（b）第三角画法用

　　总结：各表达方案选用原则。

　　实际绘图时，各种表达方法应根据机件结构的具体情况选择使用。

　　在选择表达机件的图样时，首先应考虑看图方便，并根据机件的结构特点，用较少的图形，把机件的结构形状完整、清晰地表达出来。

　　在这一原则下，还要注意所选用的每个图形，它既要有各图形自身明确的表达内容，又要注意它们之间的相互联系。

任务实施

综合运用举例

以图 10 – 18 所示的阀体的表达方案为例，说明表达方法的综合运用。

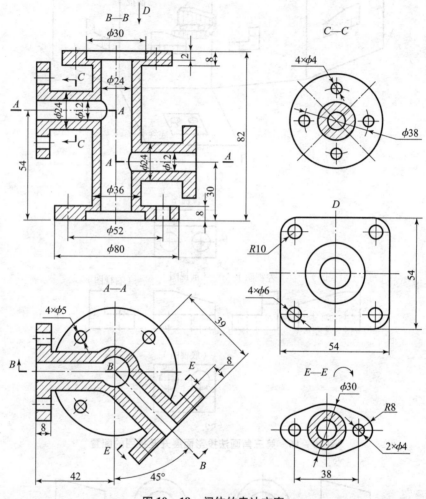

图 10 – 18　阀体的表达方案

1. 图形分析

阀体的表达方案共有五个图形：两个基本视图（全剖主视图"B—B"、全剖俯视图"A—A"）、一个局部视图（"D"向）、一个局部剖视图（"C—C"）和一个斜剖的全剖视图（"E—E"旋转）。

主视图"B—B"是采用旋转剖画出的全剖视图，表达阀体的内部结构形状；俯视图"A—A"是采用阶梯剖画出的全剖视图，着重表达左、右管道的相对位置，还表达了下连接板的外形及 4×φ5 小孔的位置。

"C—C"局部剖视图，表达左端管连接板的外形及其上 4×φ4 孔的大小和相对位置；"D"向局部视图，相当于俯视图的补充，表达了上连接板的外形及其上 4×φ6 孔的大小和位置。

因右端管与正投影面倾斜 45°，所以采用斜剖画出"*E—E*"全剖视图，以表达右连接板的形状。

2. 形体分析

由图形分析可见，阀体的构成大体可分为管体、上连接板、下连接板、左连接板、右连接板五个部分。

管体的内外形状通过主、俯视图已表达清楚，它是由中间一个外径为 36 mm、内径为 24 mm 的竖管，左边一个距底面 54 mm、外径为 24 mm、内径为 12 mm 的横管，右边一个距底面 30 mm、外径为 24 mm、内径为 12 mm、向前方倾斜 45°的横管三部分组合而成。三段管子的内径互相连通，形成有四个通口的管件。

阀体的上、下、左、右四块连接板形状大小各异，这可以分别由主视图以外的四个图形看清它们的轮廓，它们的厚度为 8 mm。

通过分析形体，想象出各部分的空间形状，再按它们之间的相对位置组合起来，便可想象出阀体的整体形状。

任务评价

采用教师与学生互动的教学方式，学生互评与教师批改、讲评相结合。评价内容：是否积极参与表达方案讨论，是否勤于思考，表达方案是否恰当、完整、合理、简洁、易读，配置位置是否正确，标注是否正确；图线有无遗漏、错画，图面是否整洁。

实作练习

1. 练习绘制局部放大图、简化画法。
2. 练习确定复杂形体的表达方案，并进行比较。

学习情境四

标准件与常用件

在各种机电设备中，经常使用螺栓、螺钉、螺母、垫圈、键、销、轴承等零件，由于这些零件应用广、用量大，为了便于组织专业化生产，国家标准对这些零件的结构与尺寸都已全部实行了标准化，统称为标准件。而另一些经常使用，但只是结构定型、部分参数标准化的零件（如齿轮、弹簧）则称为常用件。

任务十一　绘制螺纹　键　销连接图

学习目标

了解螺纹的形成原理，熟悉螺纹、键、销各参数，掌握机械制图标准中有关各种螺纹、键、销的单个及连接规定画法，学会查阅螺纹、键、销相关技术数据，了解连接的相关内容，拓展专业知识，提高绘图技能。

任务设计

图 11－1 所示的螺纹连接件是如何形成的？是怎么加工得来的？有何作用？如何标注？怎么表达这些标准件？有无规定画法？

图 11－1　螺纹连接件

通过这个任务的学习，可以轻松地绘制与标注螺纹、键、销等标准件的单个零件图及连接图。

相关知识

一、螺纹连接

螺纹是在圆柱或圆锥表面上，沿着螺旋线形成的具有相同剖面形状（如等边三角形、正方形、梯形、锯齿形……）的连续凸起和沟槽。在圆柱或圆锥外表面所形成的螺纹称为外螺纹，在圆柱或圆锥内表面所形成的螺纹称为内螺纹。用于连接的螺纹称为连接螺纹；用于传递运动或动力的螺纹称为传动螺纹。

（一）螺纹的形成和基本要素

1. 螺纹的形成

各种螺纹都是根据螺旋线原理加工而成，螺纹加工大部分采用机械化批量生产。小批量、单件产品，外螺纹可采用车床加工，如图 11 - 2 所示。内螺纹可以在车床上加工，也可以先在工件上钻孔，再用丝锥攻制而成，如图 11 - 3 所示。

图 11 - 2　外螺纹加工

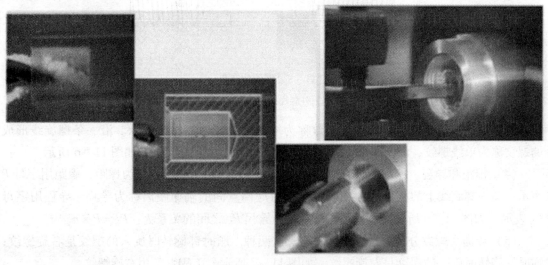

图 11 - 3　内螺纹加工

2. 螺纹的基本要素

螺纹的基本要素包括牙型、直径（大径、小径、中径）、螺距和导程、线数、旋向等。

（1）牙型。在通过螺纹轴线的剖面上，螺纹的轮廓形状称为螺纹牙型。常见的螺纹牙型有三角形（60°、55°）、梯形、锯齿形、矩形等，如图 11 - 4 所示。

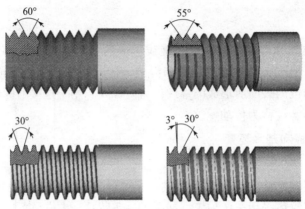

图 11 - 4　螺纹牙型

（2）螺纹的直径（如图 11 - 5 所示）。

大径 d、D 是指与外螺纹的牙顶或内螺纹的牙底相切的假想圆柱或圆锥的直径。内螺纹的大径用大写字母表示，外螺纹的大径用小写字母表示。

小径 d_1、D_1 是指与外螺纹的牙底或内螺纹的牙顶相切的假想圆柱或圆锥的直径。

中径 d_2、D_2 是指一个假想的圆柱或圆锥直径，该圆柱或圆锥的母线通过牙型上沟槽和凸起宽度相等的地方。

公称直径代表螺纹尺寸的直径，指螺纹大径的基本尺寸。

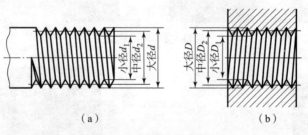

（a）　　　　　　　　　　　　　（b）

图 11 - 5　螺纹的直径

（a）外螺纹；（b）内螺纹

（3）线数。形成螺纹的螺旋线条数称为线数，线数用字母 n 表示。沿一条螺旋线形成的螺纹称为单线螺纹，沿两条以上螺旋线形成的螺纹称为多线螺纹，如图 11 - 6 所示。

（4）螺距和导程。相邻两牙在中径线上对应两点间的轴向距离称为螺距，螺距用字母 P 表示；同一螺旋线上的相邻两牙在中径线上对应两点间的轴向距离称为导程，导程用字母 P_h 表示，如图 11 - 6 所示。线数 n、螺距 P 和导程 P_h 之间的关系为：$P_h = P \times n$。

（5）旋向。螺纹分为左旋螺纹和右旋螺纹两种。顺时针旋转时旋入的螺纹是右旋螺纹；逆时针旋转时旋入的螺纹是左旋螺纹，如图 11 - 7 所示。工程上常用右旋螺纹。

国家标准对螺纹的牙型、大径和螺距作了统一规定。这三项要素均符合国家标准的螺纹称为标准螺纹；凡牙型不符合国家标准的螺纹称为非标准螺纹；只有牙型符合国家标准的螺纹称为特殊螺纹。

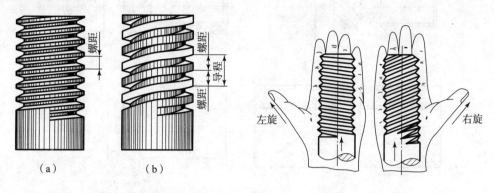

图 11 – 6　单线螺纹和双线螺纹
（a）单线；（b）双线

图 11 – 7　螺纹的旋向

（二）螺纹的规定画法和标注

1. 螺纹的规定画法

螺纹一般不按真实投影作图，而是采用机械制图国家标准规定的画法以简化作图过程。

（1）外螺纹的画法。外螺纹的大径用粗实线表示，小径用细实线表示。螺纹小径按大径的0.85倍绘制。在不反映圆的视图中，小径的细实线应画入倒角内，螺纹终止线用粗实线表示，如图11 – 8（a）所示。当需要表示螺纹收尾时，螺纹尾部的小径用与轴线成30°的细实线绘制，如图11 – 8（b）所示。在反映圆的视图中，表示小径的细实线圆只画约3/4圈，螺杆端面上的倒角圆省略不画，如图11 – 8（a）、（b）、（c）所示。剖视图中的螺纹终止线和剖面线画法如图11 – 8（c）所示。

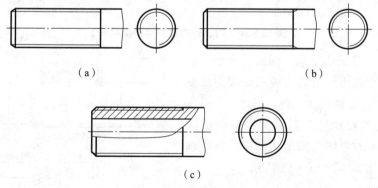

（a）　　　　　　　　　　　　　　　　（b）

（c）

图 11 – 8　外螺纹画法

（2）内螺纹的画法。内螺纹通常采用剖视图表达，在不反映圆的视图中，大径用细实线表示，小径和螺纹终止线用粗实线表示，且小径取大径的0.85倍，注意剖面线应画到粗实线；若是盲孔，终止线到孔的末端的距离可按0.5倍大径绘制；在反映圆的视图中，大径用约3/4圈的细实线圆弧绘制，孔口倒角圆不画，如图11 – 9（a）、（b）所示。当螺孔相交时，其相贯线的画法如图11 – 9（c）所示。当螺纹的投影不可见时，所有图线均画成细虚线，如图11 – 9（d）所示。

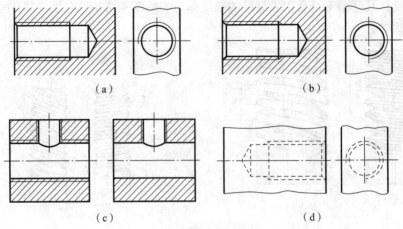

图 11 – 9　内螺纹的画法

（3）内、外螺纹旋合的画法。只有当内、外螺纹的五项基本要素相同时，内、外螺纹才能进行连接。用剖视图表示螺纹连接时，旋合部分按外螺纹的画法绘制，未旋合部分按各自原有的画法绘制。如图 11 – 10、图 11 – 11 所示。画图时必须注意：表示内、外螺纹大径的细实线和粗实线，以及表示内、外螺纹小径的粗实线和细实线应分别对齐；在剖切平面通过螺纹轴线的剖视图中，实心螺杆按不剖绘制。

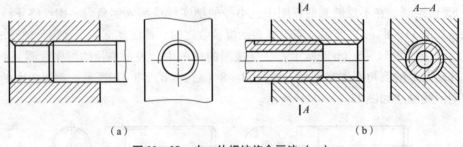

图 11 – 10　内、外螺纹旋合画法（一）

（4）螺纹牙型的表示法。螺纹的牙型一般不需要在图形中画出，当需要表示螺纹的牙型时，可按图 11 – 12 的形式绘制。

（5）圆锥螺纹画法。具有圆锥螺纹的零件，其螺纹部分在投影为圆的视图中，只需画出一端螺纹视图，如图 11 – 13 所示。

（三）螺纹的标注方法

由于螺纹的规定画法不能表达出螺纹的种类和螺纹的要素，因此在图中对标准螺纹需要进行正确的标注。下面分别介绍各种螺纹的标注方法。

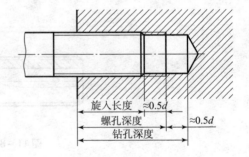

图 11 – 11　内、外螺纹旋合画法（二）

1. 普通螺纹

普通螺纹用尺寸标注形式注在内、外螺纹的大径上，其标注的具体项目和格式如下。

螺纹代号　公称直径×螺距 旋向 – 中径公差带代号 顶径公差带代号 – 旋合长度代号。

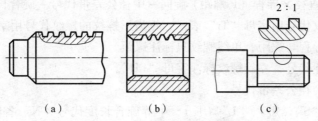

图 11 – 12 螺纹牙型的表示法

（a）外螺纹局部剖；（b）内螺纹全剖；（c）局部放大图

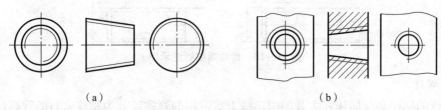

图 11 – 13 圆锥螺纹的画法

（a）外螺纹；（b）内螺纹

普通螺纹的螺纹代号用字母"M"表示。

普通粗牙螺纹不必标注螺距，普通细牙螺纹必须标注螺距。公称直径、导程和螺距数值的单位为 mm。

右旋螺纹不必标注，左旋螺纹应标注字母"LH"。

中径公差带代号和顶径公差带代号由表示公差等级的数字和字母组成。大写字母代表内螺纹，小写字母代表外螺纹。顶径是指外螺纹的大径和内螺纹的小径，若两组公差带相同，则只写一组。表示内、外螺纹旋合时，内螺纹公差带在前，外螺纹公差带在后，中间用"/"分开。在特定情况下，中等公差精度螺纹不注公差带代号（内螺纹：5H，公称直径小于和等于 1.4 mm 时；6H，公称直径大于和等于 1.6 mm 时。外螺纹：5 h，公称直径小于和等于 1.4 mm 时；6h，公称直径大于和等于 1.6 mm 时）。

普通螺纹的旋合长度分为短、中、长三组，其代号分别是 S、N、L。若是中等旋合长度，其旋合代号 N 可省略。如图 11 – 14 所示为普通螺纹标注示例。

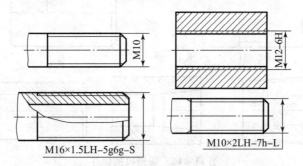

图 11 – 14 普通螺纹标注示例

2. 传动螺纹

传动螺纹主要指梯形螺纹和锯齿形螺纹，它们也用尺寸标注形式，注在内外螺纹的大径上，其标注的具体项目及格式如下。

螺纹代号 公称直径×导程（P螺距）旋向 - 中径公差带代号 - 旋合长度代号。

梯形螺纹的螺纹代号用字母"Tr"表示，锯齿形螺纹的螺纹代号用字母"B"表示。

多线螺纹标注导程与螺距，单线螺纹只标注螺距。

右旋螺纹不标注代号，左旋螺纹标注字母"LH"。

传动螺纹只注中径公差带代号。

旋合长度只注"S"（短）、"L"（长），中等旋合长度代号"N"省略标注。如图 11 - 15 所示为传动螺纹标注示例。

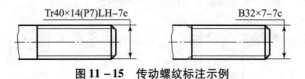

图 11 - 15　传动螺纹标注示例

3. 管螺纹

管螺纹的标记必须标注在大径的引出线上。常用的管螺纹分为螺纹密封的管螺纹和非螺纹密封的管螺纹。这里要注意，管螺纹的尺寸代号并不是指螺纹大径，也不是管螺纹本身任何一个直径，其大径和小径等参数可从有关标准中查出。

管螺纹标注的具体项目及格式如下。

螺纹密封管螺纹代号：螺纹特征代号　尺寸代号×旋向代号。

非螺纹密封管螺纹代号：螺纹特征代号　尺寸代号　公差等级代号 - 旋向代号。

螺纹密封管螺纹又分为：与圆柱内螺纹相配合的圆锥外螺纹，其特征代号是 R_1；与圆锥内螺纹相配合的圆锥外螺纹，其特征代号为 R_2；圆锥内螺纹，特征代号是 R_c；圆柱内螺纹，特征代号是 R_p。旋向代号只注左旋"LH"。

非螺纹密封管螺纹的特征代号是 G。它的公差等级代号分 A、B 两个精度等级。外螺纹需注明，内螺纹不注此项代号。右旋螺纹不注旋向代号，左旋螺纹注"LH"。如图 11 - 16 所示为管螺纹标注示例。

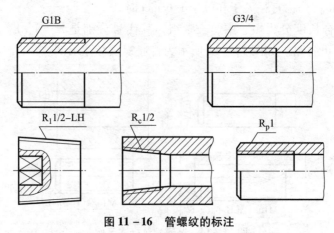

图 11 - 16　管螺纹的标注

（四）常用螺纹紧固件的种类和标记

常用螺纹紧固件有螺栓、双头螺柱、螺钉、螺母和垫圈。它们的结构、尺寸都已分别标准化，称为标准件，使用或绘图时，可以从相应标准中查到所需的结构尺寸。如表 11 - 1 中列出了常用螺纹紧固件的标记与图例。

表 11 - 1　常用螺纹紧固件的标记与图例

六角头螺栓 - A 级和 B 级 GB/T 5782—2016		螺栓 GB/T 5782—2016 M12×80 表示 A 级六角头螺栓，螺纹规格 d = M12，公称长度 l = 80 mm
双头螺柱 GB/T 897—1988		螺柱 GB/T 897—1988 M10×50 表示 B 型双头螺柱，两端均为粗 牙普通螺纹，螺纹规格 d = 10 mm， 公称长度 l = 50 mm
开槽沉头螺钉 GB/T 68—2016		螺钉 GB/T 68—2016 M10×60 表示开槽沉头螺钉，螺钉规格 d = M10，公称长度 l = 60 mm
开槽长圆柱端紧定螺钉 GB/T 75—1985		螺钉 GB/T 75—1985 M5×25 表示开槽长圆柱端紧定螺钉，螺 纹规格 d = M5，公称长度 l = 25 mm
1 型六角螺母—A 和 B 级 GB/T 6170—2015		螺母 GB/T 6170—2015 M12 表示 A 级 1 型六角螺母，螺纹规 格 D = M12
1 型六角开槽螺母—A 和 B 级 GB/T 6178—1986		螺母 GB/T 6178—1986 M16 表示 A 级 1 型六角开槽螺母，螺 纹规格 D = M16
平垫圈—A 级 GB/T 97.1—2002		垫圈 GB/T 97.1—2002 8 - 200HV 表示 A 级平垫圈，规格尺寸 d = 12 mm，性能等级为 200 HV 级
标准型弹簧垫圈 GB/T 93—1987		垫圈 GB/T 93—1987 20 表示标准型弹簧垫圈，规格尺寸 为 d = 20 mm

1. 螺栓

螺栓由头部及杆部两部分组成，头部形状以六角形的应用最广。决定螺栓的规格尺寸为螺纹公称直径 d 及螺栓长度 L，选定一种螺栓后，其他各部分尺寸可根据有关标准查得。

螺栓的标记形式：名称 标准代号 特征代号 公称直径×公称长度。

· 129 ·

例：螺栓 GB/T 5782—2016 M12×80，是指公称直径 $d=12$，公称长度 $L=80$（不包括头部）的螺栓。

2. 双头螺柱

双头螺柱的两头制有螺纹，一端旋入被连接件的预制螺孔中，称为旋入端；另一端与螺母旋合，紧固另一个被连接件，称为紧固端。双头螺柱的规格尺寸为螺柱直径 d 及紧固端长度 L，其他各部分尺寸可根据有关标准查得。

双头螺柱的标记形式：名称　标准代号　特征代号　公称直径×公称长度。

例：螺柱 GB/T 897—1988 M10×50，是指公称直径 $d=10$，公称长度 $L=50$（不包括旋入端）的双头螺柱。

3. 螺母

螺母通常与螺栓或螺柱配合着使用，起连接作用，以六角螺母应用最广。螺母的规格尺寸为螺纹公称直径 D，选定一种螺母后，其各部分尺寸可根据有关标准查得。

螺母的标记形式：名称　标准代号　特征代号　公称直径。

例：螺母 GB/T 6170—2015 M12，指螺纹规格 $D=M12$ 的螺母。

4. 垫圈

垫圈通常垫在螺母和被连接件之间，目的是增加螺母与被连接零件之间的接触面，保护被连接件的表面不致因拧螺母而被刮伤。垫圈分为平垫圈和弹簧垫圈，弹簧垫圈还可以防止因振动而引起的螺母松动。选择垫圈的规格尺寸为螺栓直径 d，垫圈选定后，其各部分尺寸可根据有关标准查得。

平垫圈的标记形式：名称　标准代号　规格尺寸－性能等级。

弹簧垫圈的标记形式：名称　标准代号　规格尺寸。

例：垫圈 GB/T 97.1—2002 16—140 HV，指规格尺寸 $d=16$，性能等级为 140 HV 的平垫圈。垫圈 GB/T 93—1987 20，指规格尺寸为 $d=20$ 的弹簧垫圈。

5. 螺钉

螺钉按使用性质可分为连接螺钉和紧定螺钉两种，连接螺钉的一端为螺纹，另一端为头部。紧定螺钉主要用于防止两相配零件之间发生相对运动的场合。螺钉规格尺寸为螺钉直径 d 及长度 L，可根据需要从标准中选用。

螺钉的标记形式：名称　标准代号　特征代号　公称直径×公称长度。

例：螺钉 GB/T 65—2016 M10×40，是指公称直径 $d=10$，公称长度 $L=40$（不包括头部）的螺钉。

（五）常用螺纹紧固件及连接图画法

1. 螺栓连接

螺栓用来连接两个不太厚并能钻成通孔的零件，并与垫圈、螺母配合进行连接。如图 11－17 所示。

（1）螺栓连接中的紧固件画法。螺栓连接的紧固件有螺栓、螺母和垫圈。紧固件一般用比例画法绘制。所谓比例画法就是以螺栓上螺纹的公称直径为主要参数，其余各部分结构尺寸均按与公称直径成一定比例关系绘制。

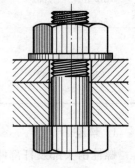

图 11－17　螺栓连接

尺寸比例关系如下（见图 11-18）。

螺栓：d、L（根据要求确定）。

$d_1 \approx 0.85d$，$b \approx 2d$，$e = 2d$，$R_1 = d$，$R = 1.5d$，$k = 0.7d$，$C = 0.1d$。

螺母：D（根据要求确定），$m = 0.8d$，其他尺寸与螺栓头部相同。

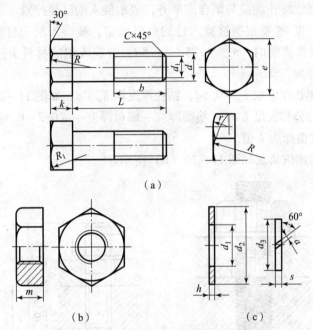

图 11-18　螺栓、螺母、垫圈的比例画法

（a）六角头螺栓的比例画法；（b）六角螺母的比例画法；（c）垫圈的比例画法

垫圈：$d_2 = 2.2d$，$d_1 = 1.1d$，$d_3 = 1.5d$，$h = 0.15d$，$s = 0.2d$，$a = 0.12d$。

（2）螺栓连接的画法。用比例画法画螺栓连接的装配图时，应注意以下几点。

①两零件的接触表面只画一条线，并不得加粗。凡不接触的表面，不论间隙大小，都应画出间隙（如螺栓和孔之间应画出间隙）。

②剖切平面通过螺栓轴线时，螺栓、螺母、垫圈可按不剖绘制，仍画外形。必要时，可采用局部剖视。

③两零件相邻接时，不同零件的剖面线方向应相反，或者方向一致而间隔不等。

④螺栓长度 $L \geqslant t_1 + t_2 +$ 垫圈厚度 + 螺母厚度 +（$0.2 \sim 0.3$）d，根据上式的估计值，然后选取与估算值相近的标准长度值作为 L 值。

⑤被连接件上加工的螺栓孔直径稍大于螺栓直径，取 $1.1d$。

螺栓连接的比例画法如图 11-19所示。

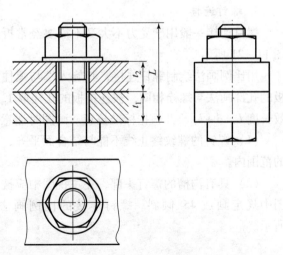

图 11-19　螺栓连接图

2. 螺柱连接

当两个被连接件中有一个很厚，或者不适合用螺栓连接时，常用双头螺柱连接。双头螺柱两端均加工有螺纹，一端与被连接件旋合，另一端与螺母旋合，如图 11 – 20（a）所示。用比例画法绘制双头螺柱的装配图时应注意以下几点。

（1）旋入端的螺纹终止线应与结合面平齐，表示旋入端已经拧紧。

（2）旋入端的长度 b_m 要根据被旋入件的材料而定，被旋入端的材料为钢时，$b_m = 1d$；被旋入端的材料为铸铁或铜时，$b_m = 1.25d \sim 1.5d$；被旋入端的材料为铝合金等轻金属时，取 $b_m = 2d$。

（3）旋入端的螺孔深度取 $b_m + 0.5d$，钻孔深度取 $b_m + d$，如图 11 – 20（b）所示。

（4）双头螺柱的公称长度 $L \geqslant \delta +$ 垫圈厚度 + 螺母厚度 +（0.2 ~ 0.3）d，然后选取与估算值相近的标准长度值作为 L 值。

双头螺柱连接的比例画法如图 11 – 20（b）所示。

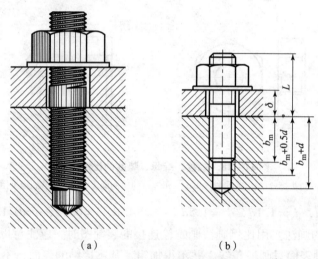

（a）　　　　　　（b）

图 11 – 20　双头螺柱连接图

3. 螺钉连接

螺钉连接一般用于受力不大又不需要经常拆卸的场合，如图 11 – 21 所示。

用比例画法绘制螺钉连接，其旋入端与螺柱相同，被连接板的孔部画法与螺栓相同，被连接板的孔径取 1.1d。螺钉的有效长度 $L = \delta + b_m$，并根据标准校正。画图时注意以下两点。

（1）螺钉的螺纹终止线不能与结合面平齐，而应画在盖板的范围内。

（2）具有沟槽的螺钉头部，在主视图中应被放正，在俯视图中规定画成 45° 倾斜。螺钉连接的比例画法如图 11 – 22 所示。

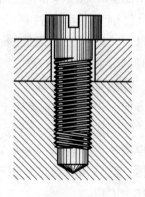

图 11 – 21　螺钉连接

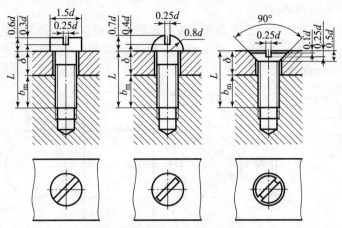

图 11 - 22　螺钉连接的比例画法

二、键连接

1. 键连接的作用和种类

键主要用于轴和轴上零件（如带轮、齿轮等）之间的连接，起着传递扭矩的作用。如图 11 - 23 所示，将键嵌入轴上的键槽中，再将带有键槽的齿轮装在轴上，当轴转动时，因为键的存在，齿轮就与轴同步转动，达到传递动力的目的。键的种类很多，常用的有普通平键、半圆键和钩头楔键三种。

2. 普通平键的种类和标记

普通平键根据其头部结构的不同可以分为圆头普通平键（A 型）、平头普通平键（B型）、和单圆头普通平键（C 型）三种型式，如图 11 - 24 所示。

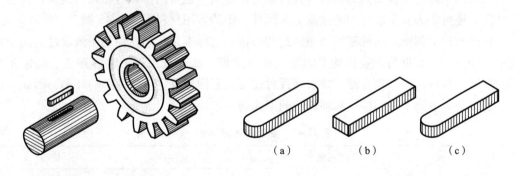

图 11 - 23　键连接

图 11 - 24　普通平键的型式

(a) A 型；(b) B 型；(c) C 型

普通平键的标记格式和内容为：键　型式代号　宽度×长度　标准代号，其中 A 型可省略型式代号。例如：宽度 $b = 18$ mm，高度 $h = 11$ mm，长度 $L = 100$ mm 的圆头普通平键（A 型），其标记是：键 18×100 GB/T 1096—2003。宽度 $b = 18$ mm，高度 $h = 11$ mm，长度 $L = 100$ mm 的平头普通平键（B 型），其标记是：键 B 18×100 GB/T 1096—2003。宽度 $b = 18$ mm，高度 $h = 11$ mm，长度 $L = 100$ mm 的单圆头普通平键（C 型），其标记是：键 C 18×100 GB/T 1096—2003。

3. 普通平键的连接画法

采用普通平键连接时，键的长度 L 和宽度 b 要根据轴的直径 d 和传递的扭矩大小从标准中选取适当值。轴和轮毂上的键槽的表达方法及尺寸如图 11 - 25 所示。在装配图上，普通平键的连接画法如图 11 - 26 所示。

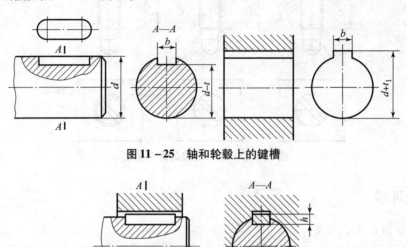

图 11 - 25　轴和轮毂上的键槽

图 11 - 26　普通平键的连接画法

三、销连接

销主要用来固定零件之间的相对位置，起定位作用，也可用于轴与轮毂的连接，传递不大的载荷，还可作为安全装置中的过载剪断元件。销的常用材料为 35、45 钢。

销有圆柱销和圆锥销两种基本类型，这两类销均已标准化。圆柱销利用微量过盈固定在销孔中，经过多次装拆后，连接的紧固性及精度降低，故只宜用于不常拆卸处。圆锥销有1∶50 的锥度，装拆比圆柱销方便，多次装拆对连接的紧固性及定位精度影响较小，因此应用广泛。表 11 - 2 中列出了圆柱销和圆锥销的型式与标记。

表 11 - 2　销及其标注示例

	图例	标注示例	说明
圆柱销 （GB/T 119.1—2000）		公称直径 $d = 6$ mm，长度 $L = 30$ mm，材料为 35 钢，热处理硬度 28 ~ 38 HRC，表面氧化处理的 A 型圆柱销： 销　GB/T 119.1—2000 6×30	圆柱销按配合性质不同，分为 A、B、C、D 四种型式

续表

	图例	标注示例	说明
圆锥销 （GB/T 117—2000）		公称直径 $d = 6$ mm，长度 $L = 30$ mm，材料为 35 钢，热处理硬度 28 ~ 38 HRC、表面氧化处理的 A 型圆锥销： 销　GB/T 117—2000 6 ×30	圆锥销按表面加工要求不同，分为 A、B 两种型式。公称直径指小端直径
开口销 （GB/T 91—2000）		公径直径 $d = 5$ mm，长度 $L = 50$ mm，材料为碳素钢，不经表面处理的开口销： 销　GB/T 91—2000 5 ×50	公称直径指与之相配的销孔直径，故开口销公称直径都大于其实际直径

销连接的画法如图 11 –27 所示。

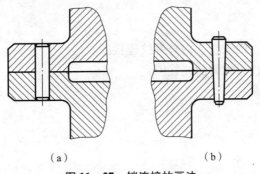

（a）　　　　　　　　　　（b）

图 11 –27　销连接的画法

（a）圆柱销连接；（b）圆锥销连接

任务实施

（1）已知两被连接件厚度分别为 30 mm、40 mm，用 M20 螺栓连接两板，试用比例画法，画出如图 11 –28 所示螺栓连接图。

（2）查表画出如图 11 –29 所示平键连接图。已知轴直径为 30 mm，轮廓厚 20 mm，其他尺寸查表确定。

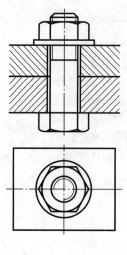

图 11-28 螺栓连接

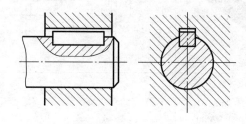

图 11-29 平键连接

任务评价

采用学生观察与提问、教师与学生互动的教学方式，教师引导与学生自评、互评相结合。评价内容：是否积极参与表达方案讨论，是否勤于思考，螺纹画法是否正确，标注是否正确；图线有无遗漏、错画，图面是否整洁。

实作练习

1. 练习绘制外螺纹、内螺纹、内外螺纹连接图。
2. 练习绘制双头螺柱、螺钉的连接图。
3. 练习绘制键连接图。

任务十二　绘制齿轮　滚动轴承　弹簧

学习目标

熟悉《机械制图》（GB/T 4459）中有关齿轮、弹簧、滚动轴承画法的有关规定；了解齿轮、弹簧的形成原理、滚动轴承结构；熟悉齿轮、弹簧、滚动轴承各参数的含义；学会查阅齿轮、弹簧、滚动轴承相关技术手册；了解相关的机械运动知识，拓展专业知识，提高绘图技能。

任务设计

如图 12-1 所示，齿轮、弹簧是机械工程中大量使用的常用零件，滚动轴承是机械工程中常用的标准件，这些构件由于大量使用，若按真实的形状与结构作图，那将是非常费时的事情，且也没这个必要。到底怎样表达这些构件？通过本课题的学习，你将学会这些构件的规定画法，掌握作图技巧，提升作图与识图能力。

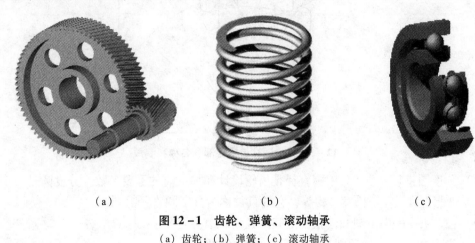

（a）　　　　　　　　（b）　　　　　　　　（c）

图 12-1　齿轮、弹簧、滚动轴承

（a）齿轮；（b）弹簧；（c）滚动轴承

相关知识

一、齿轮

齿轮是机器设备中应用十分广泛的传动零件，用来传递运动和动力，改变轴的旋向和转速。常见的传动齿轮有三种：圆柱齿轮传动——用于两平行轴间的传动；圆锥齿轮传动——用于两相交轴间的传动；蜗杆蜗轮传动——用于两交错轴间的传动。如图 12-2 所示。

（一）直齿圆柱齿轮各部分的名称及参数（如图 12-3 所示）

（1）齿数 z——齿轮上轮齿的个数。

（2）齿顶圆直径 d_a——通过齿顶的圆柱面直径。

（3）齿根圆直径 d_f——通过齿根的圆柱面直径。

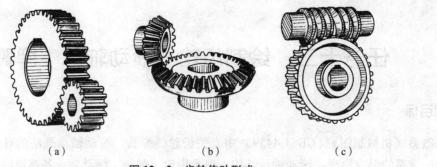

图 12-2 齿轮传动形式

（a）圆柱齿轮传动；（b）圆锥齿轮传动；（c）蜗杆蜗轮传动

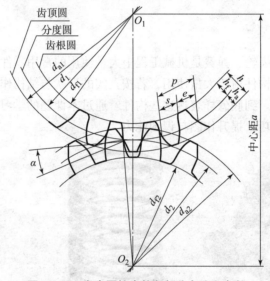

图 12-3 直齿圆柱齿轮各部分名称和参数

（4）分度圆直径 d——分度圆直径是齿轮设计和加工时的重要参数。分度圆是一个假想的圆，在该圆上齿厚 s 与槽宽 e 相等，它的直径称为分度圆直径。

（5）齿高 h——齿顶圆和齿根圆之间的径向距离。

（6）齿顶高 h_a——齿顶圆和分度圆之间的径向距离。

（7）齿根高 h_f——分度圆与齿根圆之间的径向距离。

（8）齿距 p——在分度圆上，相邻两齿对应齿廓之间的弧长。

（9）齿厚 s——在分度圆上，一个齿的两侧对应齿廓之间的弧长。

（10）槽宽 e——在分度圆上，一个齿槽的两侧对应齿廓之间的弧长。

（11）模数 m——由于分度圆的周长 $\pi d = p \cdot z$，所以 $d = (p/\pi)z$，p/π 就称为齿轮的模数。模数以 mm 为单位，它是齿轮设计和制造的重要参数。为便于齿轮的设计和制造，减少齿轮成形刀具的规格及数量，国家标准对模数规定了标准值。

（12）压力角 α——相互啮合的一对齿轮，其受力方向（齿廓曲线的公法线方向）与运动方向之间所夹的锐角，称为压力角。同一齿廓的不同点上的压力角是不同的，在分度圆上的压力角，称为标准压力角。国家标准规定，标准压力角为 20°。

（13）中心距 a——两啮合齿轮轴线之间的距离。

（二）直齿圆柱齿轮的尺寸计算

在已知模数 m 和齿数 z 时，齿轮轮齿的其他参数均可按表 $12-1$ 里的公式计算出来。

表 $12-1$　标准直齿圆柱齿轮各基本尺寸计算公式

基本参数：模数 m 和齿数 z			
序号	名称	代号	计算公式
1	齿距	p	$p = \pi m$
2	齿顶高	h_a	$h_a = m$
3	齿根高	h_f	$h_f = 1.25\,m$
4	齿高	h	$h = 2.25\,m$
5	分度圆直径	d	$d = mz$
6	齿顶圆直径	d_a	$d_a = m\,(z+2)$
7	齿根圆直径	d_f	$d_f = m\,(z-2.5)$
8	中心距	a	$a = m\,(z_1 + z_2)/2$

（三）直齿圆柱齿轮的规定画法

1. 单个齿轮的画法

单个齿轮一般用两个视图表示。国家标准规定齿顶圆和齿顶线用粗实线绘制，分度圆和分度线用细点画线表示，齿根圆和齿根线用细实线绘制（也可以省略不画）。在剖视图中，齿根线用粗实线绘制，并不能省略。当剖切平面通过齿轮轴线时，轮齿一律按不剖绘制。单个齿轮的画法如图 $12-4$ 所示。

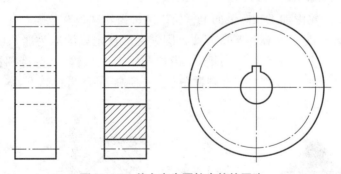

图 $12-4$　单个直齿圆柱齿轮的画法

2. 一对齿轮啮合的画法

一对齿轮的啮合图，一般可以采用两个视图表达，在垂直于圆柱齿轮轴线的投影面的视图中（反映为圆的视图），啮合区内的齿顶圆均用粗实线绘制，分度圆相切，如图 $12-5$（b）所示。也可用省略画法如图 $12-5$（d）所示。在不反映圆的视图上，啮合区的齿顶线不需画出，分度线用粗实线绘制，如图 $12-5$（c）所示。采用剖视图表达时，在啮合区内将一个齿轮的齿顶线用粗实线绘制，另一个齿轮的轮齿被遮挡，其齿顶线用虚线绘制，如图 $12-5$（a）、图 $12-6$ 所示。

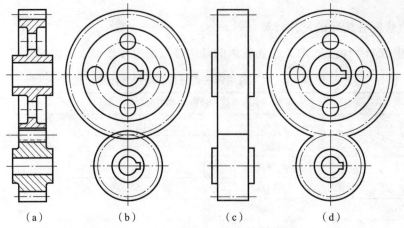

（a） （b） （c） （d）

图 12 – 5　直齿圆柱齿轮的啮合画法

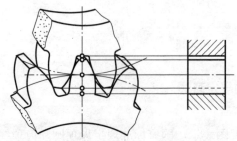

图 12 – 6　轮齿啮合区在剖视图中的画法

（四）直齿圆锥齿轮

1. 直齿圆锥齿轮各部分的名称

由于圆锥齿轮的轮齿加工在圆锥面上，所以圆锥齿轮在齿宽范围内有大、小端之分，如图 12 – 7（a）所示。为了计算和制造方便，国家标准规定以大端为准。在圆锥齿轮上，有关的名称和术语有：齿顶圆锥面（顶锥）、齿根圆锥面（根锥）、分度圆锥面（分锥）、背锥面（背锥）、前锥面（前锥）、分度圆锥角 δ、齿顶高 h_a 及齿根高 h_f 等，如图 12 – 7（b）所示。

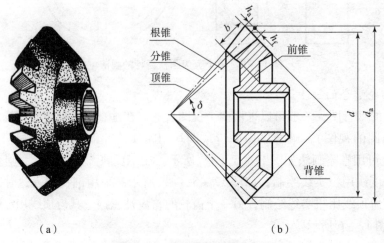

（a） （b）

图 12 – 7　圆锥齿轮各部分名称

2. 直齿圆锥齿轮的画法

单个圆锥齿轮画法，如图 12－8 所示。

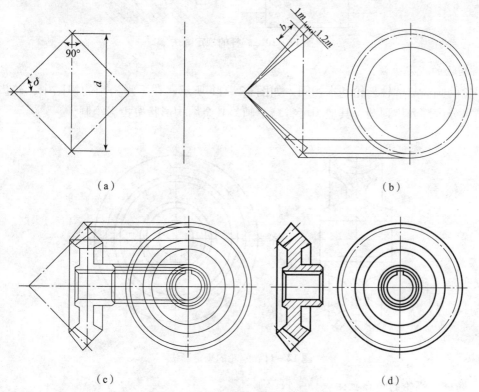

（a）　　　　　　　　　　　（b）

（c）　　　　　　　　　　　（d）

图 12－8　单个圆锥齿轮的画图步骤

3. 圆锥齿轮啮合图的画法

圆锥齿轮啮合图的画法，如图 12－9 所示。

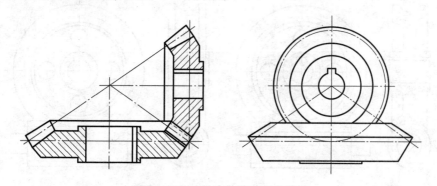

图 12－9　圆锥齿轮啮合图的画法

（五）蜗杆、蜗轮简介

1. 蜗杆的规定画法

蜗杆的形状如梯形螺杆，轴向剖面齿形为梯形，顶角为 40°，一般用一个视图表达。它的齿顶线、分度线、齿根线画法与圆柱齿轮相同，牙型可用局部剖视或局部放大图画出。具体画法如图 12－10 所示。

2∶1轴向剖面

图 12 – 10　蜗杆的规定画法

2. 蜗轮的规定画法

蜗轮的画法与圆柱齿轮基本相同，如图 12 – 11 所示。在投影为圆的视图中，轮齿部分只需画出分度圆和齿顶圆，其他圆可省略不画，其余结构形状按投影绘制。

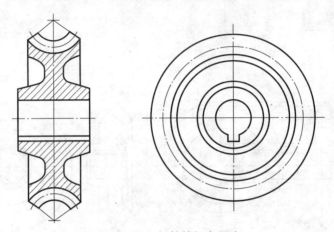

图 12 – 11　蜗轮的规定画法

3. 蜗杆、蜗轮的啮合画法

蜗杆、蜗轮的啮合画法，如图 12 – 12 所示。在主视图中，蜗轮被蜗杆遮住的部分不必画出。在左视图中蜗轮的分度圆与蜗杆的分度线应相切。

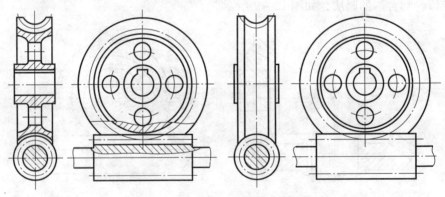

图 12 – 12　蜗杆、蜗轮的啮合画法

二、滚动轴承

滚动轴承是用来支承旋转轴的部件，结构紧凑，摩擦阻力小，能在较大的载荷、较高的转速下工作，转动精度较高，在工业中应用十分广泛。滚动轴承的结构及尺寸已经标准化，由专业厂家生产，选用时可查阅有关标准。

1. 滚动轴承的结构和类型

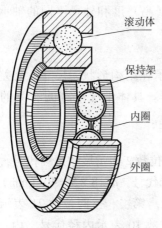

图 12 – 13 滚动轴承的结构

滚动轴承的结构一般由四部分组成，如图12 – 13所示。

外圈——装在机体或轴承座内，一般固定不动。

内圈——装在轴上，与轴紧密配合且随轴转动。

滚动体——装在内外圈之间的滚道中，有滚珠、滚柱、滚锥等类型。

保持架——用来均匀分隔滚动体，防止滚动体之间相互摩擦与碰撞。

滚动轴承按承受载荷的方向可分为以下三种类型。

向心轴承——主要承受径向载荷，常用的向心轴承如深沟球轴承。

推力轴承——只承受轴向载荷，常用的推力轴承如推力球轴承。

向心推力轴承——同时承受轴向和径向载荷，常用的如圆锥滚子轴承。

2. 滚动轴承的代号

滚动轴承的代号一般打印在轴承的端面上，由基本代号、前置代号和后置代号三部分组成，排列顺序：前置代号 基本代号 后置代号。

（1）基本代号。基本代号表示滚动轴承的基本类型、结构及尺寸，是滚动轴承代号的基础。基本代号由轴承类型代号、尺寸系列代号和内径代号构成（滚针轴承除外），其排列顺序如下：

类型代号 尺寸系列代号 内径代号。

①类型代号。轴承类型代号用阿拉伯数字或大写拉丁字母表示，其含义见表12 – 2。

表12 – 2 轴承类型代号

代号	轴承类型
0	双列角接触轴承
1	调心球轴承
2	调心滚子轴承和推力调心滚子轴承
3	圆锥滚子轴承
4	双列深沟球轴承
5	推力球轴承
6	深沟球轴承
7	角接触轴承
8	推力圆柱滚子轴承
N	圆柱滚子轴承
U	外球面球轴承
QJ	四点接触球轴承

②尺寸系列代号。尺寸系列代号由滚动轴承的宽（高）度系列代号和直径系列代号组合而成，用两位数字表示。它主要用来区别内径相同而宽（高）度和外径不同的轴承。详细情况请查阅有关标准。

③内径代号。内径代号表示轴承的公称内径。

（2）前置代号和后置代号。前置代号和后置代号是轴承在结构形状、尺寸、公差、技术要求等有改变时，在其基本代号左、右添加的补充代号。具体情况可查阅有关的国家标准。

轴承代号标记示例：

6208　第一位数 6 表示类型代号，为深沟球轴承。第二位数 2 表示尺寸系列代号，宽度系列代号 0 省略，直径系列代号为 2。后两位数 08 表示内径代号，$d = 8 \times 5 = 40$（mm）。

N2110　第一个字母 N 表示类型代号，为圆柱滚子轴承。第二、三两位数 21 表示尺寸系列代号，宽度系列代号为 2，直径系列代号为 1。后两位数 10 表示内径代号，内径 $d = 10 \times 5 = 50$（mm）。

3. 滚动轴承的画法

国家标准 GB/T 4459.7—2017 对滚动轴承的画法作了统一规定，有简化画法和规定画法。其中，简化画法又分为通用画法和特征画法两种。

（1）简化画法。用简化画法绘制滚动轴承时，应采用通用画法和特征画法。但在同一图样中，一般只采用其中的一种画法。

①通用画法。在剖视图中，当不需要确切地表示滚动轴承的外形轮廓、载荷特性、结构特征时，可用矩形线框以及位于线框中央正立的十字形符号来表示。矩形线框和十字形符号均用粗实线绘制，十字形符号不应与矩形线框接触。

②特征画法。在剖视图中，如果需要比较形象地表示滚动轴承的结构特征时，可采用在矩形线框内画出其结构要素符号的方法表示。特征画法的矩形线框、结构要素符号均用粗实线绘制。常用滚动轴承的特征画法的尺寸比例示例见表 12 – 3。

（2）规定画法。必要时，滚动轴承可采用规定画法绘制。采用规定画法绘制滚动轴承的剖视图时，轴承的滚动体不画剖面线，其各套圈等可画成方向和间隔相同的剖面线，滚动轴承的保持架及倒角等可省略不画。规定画法一般绘制在轴的一侧，另一侧按通用画法绘制。规定画法中各种符号、矩形线框和轮廓线均用粗实线绘制。滚动轴承画法见表 12 – 3。

表 12 – 3　滚动轴承画法

结构型式	规定画法	特征画法
深沟球轴承		

续表

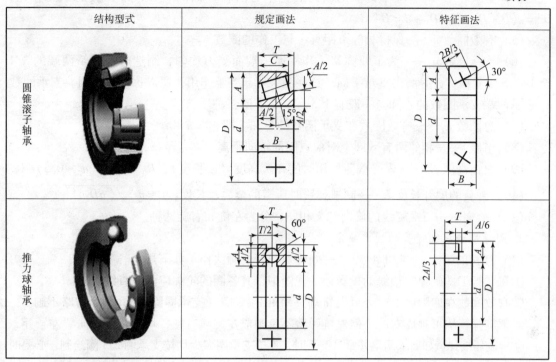

结构型式	规定画法	特征画法
圆锥滚子轴承		
推力球轴承		

三、弹簧

弹簧是机械、电器设备中一种常用的零件，主要用于减震、夹紧、储存能量和测力等。弹簧的种类很多，使用较多的是圆柱螺旋弹簧，如图 12 – 14 所示。本节主要介绍圆柱螺旋压缩弹簧的尺寸计算和规定画法。

（a）　　　　　　　　　（b）　　　　　　　　　（c）

图 12 – 14　　圆柱螺旋弹簧

（a）压缩弹簧；（b）拉伸弹簧；（c）扭力弹簧

1. 圆柱螺旋压缩弹簧各部分的名称及尺寸计算

（1）簧丝直径 d——制造弹簧所用金属丝的直径。

（2）弹簧外径 D——弹簧的最大直径。

（3）弹簧内径 D_1——弹簧的内孔直径，即弹簧的最小直径。即 $D_1 = D - 2d$。

（4）弹簧中径 D_2——弹簧轴剖面内簧丝中心所在柱面的直径，即弹簧的平均直径，$D_2 = (D + D_1)/2 = D_1 + d = D - d$。

（5）有效圈数 n——保持相等节距且参与工作的圈数。

（6）支承圈数 n_2——为了使弹簧工作平衡，端面受力均匀，制造时将弹簧两端的3/4至1/4圈压紧靠实，并磨出支承平面。这些圈主要起支承作用，所以称为支承圈。支承圈数 n_2 表示两端支承圈数的总和。一般有 1.5、2、2.5 圈三种。

（7）总圈数 n_1——有效圈数和支承圈数的总和，即 $n_1 = n + n_2$。

（8）节距 t——相邻两有效圈上对应点间的轴向距离。

（9）自由高度 H_0——未受载荷作用时的弹簧高度（或长度），$H_0 = n_t + (n_2 - 0.5)\ d$。

（10）弹簧的展开长度 L——制造弹簧时所需的金属丝长度，$L \approx n_1 \sqrt{(\pi D_2)^2 + t^2}$。

（11）旋向——与螺旋线的旋向意义相同，分为左旋和右旋两种。

2. 圆柱螺旋压缩弹簧的规定画法

（1）弹簧的画法。GB/T 4459.4—2003 对弹簧的画法作了如下规定。

①在平行于螺旋弹簧轴线的投影面的视图中，其各圈的轮廓应画成直线。

②有效圈数在四圈以上时，可以每端只画出 1～2 圈（支承圈除外），其余省略不画。

③螺旋弹簧均可画成右旋，但左旋弹簧不论画成左旋或右旋，均需注写旋向"左"字。

④螺旋压缩弹簧如要求两端并紧且磨平时，不论支承圈多少均按支承圈2.5圈绘制，必要时也可按支承圈的实际结构绘制。弹簧的表示方法有剖视、视图和示意画法，如图12-15所示。

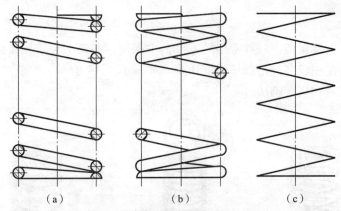

（a）　　　　　　　（b）　　　　　　　（c）

图 12-15　圆柱螺旋压缩弹簧的表示法

（a）剖视；（b）视图；（c）示意图

圆柱螺旋压缩弹簧的画图步骤如图 12-16 所示。

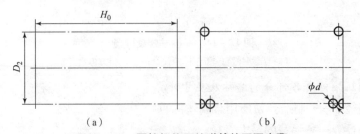

（a）　　　　　　　　　　　（b）

图 12-16　圆柱螺旋压缩弹簧的画图步骤

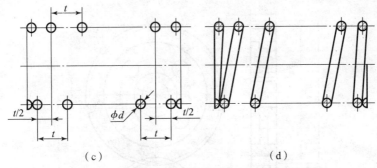

（c）　　　　　　　　　　　　（d）

图12－16　圆柱螺旋压缩弹簧的画图步骤（续）

（2）装配图中弹簧的简化画法。在装配图中，弹簧被看作实心物体，因此，被弹簧挡住的结构一般不画出。可见部分应画至弹簧的外轮廓或弹簧的中径处，如图12－17（a）、（b）所示。当簧丝直径在图形上小于或等于2 mm并被剖切时，其剖面可以涂黑表示，如图12－17（b）所示。也可采用示意画法，如图12－17（c）所示。

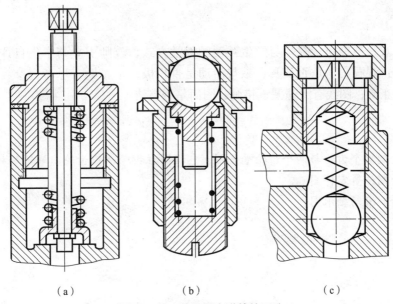

（a）　　　　　　　　（b）　　　　　　　　（c）

图12－17　装配图中弹簧的画法

（a）被弹簧遮挡处的画法；（b）簧丝断面涂黑；（c）簧丝示意画法

任务实施

（1）已知一对直齿圆柱齿轮参数如图12－18所示，试计算出相关尺寸，并按1∶2比例画出这对齿轮的啮合图。小齿轮为主动轮，齿数为18，大齿轮齿数为30。

（2）已知圆柱螺旋压缩弹簧的簧丝直径$d = 6$ mm，弹簧中径$D_2 = 40$ mm，节距$t = 13$ mm，有效圈数$n = 8$，总圈数$n_1 = 10.5$，右旋，画出此弹簧的剖视图，并标注尺寸d、D、D_2、t、H_0。

（3）采用规定画法，画出6310深沟球轴承图。$A = 20$，$B = 18$。

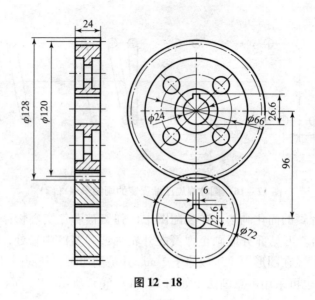

图 12 – 18

任务评价

采用学生观察与提问、教师与学生互动的教学方式，教师引导与学生自评、互评相结合。评价内容：观看实物是否认真，参与活动是否积极，是否勤于思考，参数计算是否正确，画法是否正确；图线有无遗漏、错画，图面是否整洁。

实作练习

1. 练习绘制单个齿轮与两个齿轮啮合图，包括圆柱齿轮、锥齿轮、蜗轮蜗杆。
2. 练习绘制弹簧零件图。
3. 练习绘制滚动轴承图。

零件图、装配图绘制与识读

机器或部件都是由许多零件装配而成，制造机器或部件必须首先制造零件。零件是组成机器的基本单元，零件图是表示单个零件的图样，不仅表达完整形状、尺寸，还要规定零件应达到的技术要求，才能满足使用性能，它是制造和检验零件的主要依据。

任务十三　识读产品几何技术规范（GPS）

学习目标

熟悉国家标准《技术制图》中有关表面结构、极限与配合、几何公差等内容，掌握 GB/T 1800.1—2009，GB/T 16671—2009 的相关内容；掌握它们的标注方法，能计算配合中的间隙与过盈，学会标注其他技术要求，提高作图与识图技能。

任务设计

在日常生活中，经常会遇到某个设备丢失了螺母这样的事，通常的做法是量出螺杆直径，查出标准直径，然后到五金店去买一个螺母，安装上去就完成了。为什么没经过挑选的螺母也能满足使用要求？

零件在制作过程中，不可能做到绝对尺寸精确，表面也不可能做到理想的表面，对尺寸和表面如何进行规范以满足使用要求，这就是本任务要解决的内容，通过本任务的学习，就能看懂零件图中的技术要求。

相关知识

一、表面结构的表示法

1. 表面结构的基本概念

（1）概述。为了保证零件的使用性能，在机械图样中需要对零件的表面结构给出要求。表面结构就是由粗糙度轮廓、波纹度轮廓和原始轮廓构成的零件表面特征。

（2）表面结构的评定参数。评定零件表面结构的参数有轮廓参数、图形参数和支承率曲线参数。其中轮廓参数分为三种：R 轮廓参数（粗糙度参数）、W 轮廓参数（波纹度参数）和 P 轮廓参数（原始轮廓参数）。机械图样中，常用表面粗糙度参数 Ra 和 Rz 作为评定表面结构的参数。

①轮廓算术平均偏差 Ra；它是在取样长度 l_r 内，纵坐标 $Z(x)$（被测轮廓上的各点至基准线 x 的距离）绝对值的算术平均值，如图 13－1 所示。可用下式表示：

$$Ra = \frac{1}{l_r}\int_0^{l_r} |Z(x)|\,\mathrm{d}x$$

②轮廓最大高度 Rz：它是在一个取样长度内，最大轮廓峰高与最大轮廓谷深之和，如图 13－1 所示。

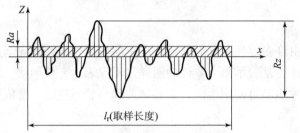

图 13－1　Ra、Rz 参数示意图

国家标准 GB/T 1031—2009 给出的 Ra 和 Rz 系列值见表 13－1。

表 13－1　Ra、Rz 系列值　　　　　　　　　　　　　　　　　　μm

Ra	Rz	Ra	Rz
0. 012		6. 3	6. 3
0. 025	0. 025	12. 5	12. 5
0. 05	0. 05	25	25
0. 1	0. 1	50	50
0. 2	0. 2	100	100
0. 4	0. 4		200
0. 8	0. 8		400
1. 6	1. 6		800
3. 2	3. 2		1 600

2. 标注表面结构的图形符号

（1）图形符号及其含义。在图样中，可以用不同的图形符号来表示对零件表面结构的不同要求。标注表面结构的图形符号及其含义见表 13－2。

表 13－2　表面结构图形符号及其含义

符号名称	符号样式	含义及说明
基本图形符号		未指定工艺方法的表面；基本图形符号仅用于简化代号标注，当通过一个注释解释时可单独使用，没有补充说明时不能单独使用
扩展图形符号		用去除材料的方法获得表面，如通过车、铣、刨、磨等机械加工的表面；仅当其含义是"被加工表面"时可单独使用
		用不去除材料的方法获得表面，如铸、锻等；也可用于保持上道工序形成的表面，不管这种状况是通过去除材料还是不去除材料形成的

续表

符号名称	符号样式	含义及说明
完整图形符号		在基本图形符号或扩展图形符号的长边上加一横线，用于标注表面结构特征的补充信息
工件轮廓各表面图形符号		当在某个视图上组成封闭轮廓的各表面有相同的表面结构要求时，应在完整图形符号上加一圆圈，标注在图样中工件的封闭轮廓线上

（2）图形符号的画法及尺寸。图形符号的画法如图 13-2 所示，表 13-3 列出了图形符号的尺寸。

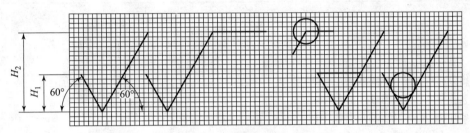

图 13-2　图形符号的画法

表 13-3　图形符号的尺寸　　　　　　　　　　　　　　mm

数字与字母的高度 h	2.5	3.5	5	7	10	14	20
高度 H_1	3.5	5	7	10	14	20	28
高度 H_2（最小值）①	7.5	10.5	15	21	30	42	60

①注：H_2 取决于标注内容。

标注表面结构参数时应使用完整图形符号；在完整图形符号中注写了参数代号、极限值等要求后，称为表面结构代号。表面结构代号示例见表 13-4。

表 13-4　表面结构代号示例

代号	含义/说明
$\sqrt{}\ Ra\ 1.6$	表示去除材料，单向上限值，默认传输带，R 轮廓，算术平均偏差 1.6 μm，评定长度为 5 个取样长度（默认），"16% 规则"（默认）
$\sqrt{}\ Rz\ max\ 0.2$	表示不允许去除材料，单向上限值，默认传输带，R 轮廓，最大高度值 0.2 μm，评定长度为 5 个取样长度（默认），"最大规则"
$\sqrt{}$ U Rz max 3.2 　L Ra 0.8	表示不允许去除材料，双向极限值，两极限值均使用默认传输带，R 轮廓。上限值：算术平均偏差 3.2 μm，评定长度为 5 个取样长度（默认），"最大规则"；下限值：算术平均偏差 0.8 μm，评定长度为 5 个取样长度（默认），"16% 规则"（默认）
铣 $\sqrt{}\ -0.8/Ra3\ 6.3$ ⊥	表示去除材料，单向上限值，传输带：根据 GB/T 6062，取样长度 0.8 mm，R 轮廓，算术平均偏差极限值 6.3 μm，评定长度包含 3 个取样长度，"16% 规则"（默认）；加工方法：铣削，纹理垂直于视图所在的投影面

3. 表面结构要求在图样中的标注

表面结构要求在图样中的标注实例见表 13 – 5。

表 13 – 5 表面结构要求在图样中的标注实例

说明	实例
表面结构要求对每一表面一般只标注一次,并尽可能注在相应的尺寸及其公差的同一视图上。表面结构的注写和读取方向与尺寸的注写和读取方向一致	
表面结构要求可标注在轮廓线或其延长线上,其符号应从材料外指向并接触表面。必要时表面结构符号也可用带箭头和黑点的指引线引出标注	
在不致引起误解时,表面结构要求可以标注在给定的尺寸线上	
表面结构要求可以标注在几何公差框格的上方	
如果在工件的多数表面有相同的表面结构要求,则其表面结构要求可统一标注在图样的标题栏附近,此时,表面结构要求的代号后面应有以下两种情况:①在圆括号内给出无任何其他标注的基本符号[图(a)];②在圆括号内给出不同的表面结构要求[图(b)]	

续表

说明	实例
当多个表面有相同的表面结构要求或图纸空间有限时，可以采用简化注法 ①用带字母的完整图形符号，以等式的形式，在图形或标题栏附近，对有相同表面结构要求的表面进行简化标注［图（a）］ ②用基本图形符号或扩展图形符号，以等式的形式给出对多个表面共同的表面结构要求［图（b）］	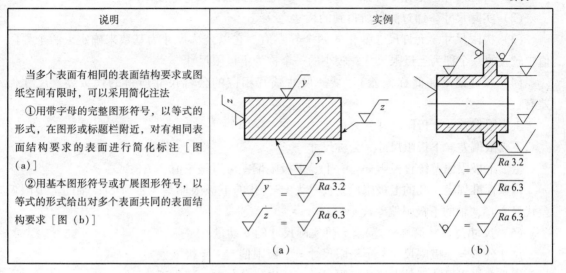 （a）　　　　　　　（b）

二、极限与配合

1. 互换性和公差

所谓零件的互换性，就是从一批相同的零件中任取一件，不经修配就能装配使用，并能保证使用性能要求，零部件的这种性质称为互换性。零部件具有互换性，不但给装配、修理机器带来方便，还可用专用设备生产，提高产品数量和质量，同时降低产品的成本。要满足零件的互换性，就要求有配合关系的尺寸在一个允许的范围内变动，并且在制造上又是经济合理的。

公差配合制度是实现互换性的重要基础。

2. 基本术语

在加工过程中，不可能把零件的尺寸做得绝对准确。为了保证互换性，必须将零件尺寸的加工误差限制在一定的范围内，规定出加工尺寸的可变动量，这种规定的实际尺寸允许的变动量称为公差。

有关公差的一些常用术语如图 13 – 3 所示。

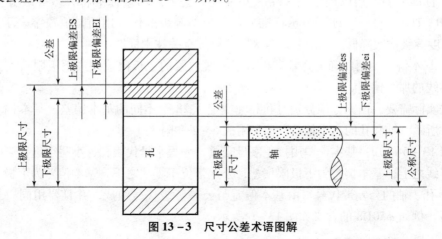

图 13 – 3　尺寸公差术语图解

（1）公称尺寸。根据零件强度、结构和工艺性要求，设计确定的尺寸。

（2）实际尺寸。通过测量所得到的尺寸。

（3）极限尺寸。允许尺寸变化的两个界限值。它以公称尺寸为基数来确定。两个界限值中较大的一个称为上极限尺寸；较小的一个称为下极限尺寸。

（4）尺寸偏差（简称偏差）。某一尺寸减其相应的公称尺寸所得的代数差。尺寸偏差有：

上极限偏差 = 上极限尺寸 − 公称尺寸

下极限偏差 = 下极限尺寸 − 公称尺寸

上、下极限偏差统称极限偏差。上、下极限偏差可以是正值、负值或零。

国家标准规定：孔的上极限偏差代号为 ES，孔的下极限偏差代号为 EI；轴的上极限偏差代号为 es，轴的下极限偏差代号为 ei。

（5）尺寸公差（简称公差）。允许实际尺寸的变动量。

尺寸公差 = 上极限尺寸 − 下极限尺寸 = 上极限偏差 − 下极限偏差

因为上极限尺寸总是大于下极限尺寸，所以尺寸公差一定为正值。

（6）公差带和零线。由代表上、下极限偏差的两条直线所限定的一个区域称为公差带。为了便于分析，一般将尺寸公差与公称尺寸的关系，按放大比例画成简图，称为公差带图。在公差带图中，确定偏差的一条基准直线，称为零偏差线，简称零线，通常零线表示公称尺寸。如图 13 − 4 所示。

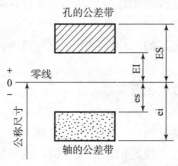

图 13 − 4　公差带图

（7）标准公差。用以确定公差带大小的任一公差。国家标准将公差等级分为 20 级：IT01、IT0、IT1 ~ IT18。"IT"表示标准公差，公差等级的代号用阿拉伯数字表示。IT01 ~ IT18，精度等级依次降低。标准公差等级数值可查有关技术标准。

（8）基本偏差。用以确定公差带相对于零线位置的上极限偏差或下极限偏差。一般是指靠近零线的那个偏差。

根据实际需要，国家标准分别对孔和轴规定了 28 个不同的基本偏差，基本偏差系列如图 13 − 5 所示。轴和孔的基本偏差数值见附表 5 − 2 和附表 5 − 3。

从图 13 − 5 可知：基本偏差用拉丁字母表示，大写字母代表孔，小写字母代表轴。公差带位于零线之上，基本偏差为下极限偏差；公差带位于零线之下，基本偏差为上极限偏差。

（9）孔、轴的公差带代号。由基本偏差与公差等级代号组成，并且要用同一号字母和数字书写。例如 $\phi50H8$ 的含义如图 13 − 6 所示。

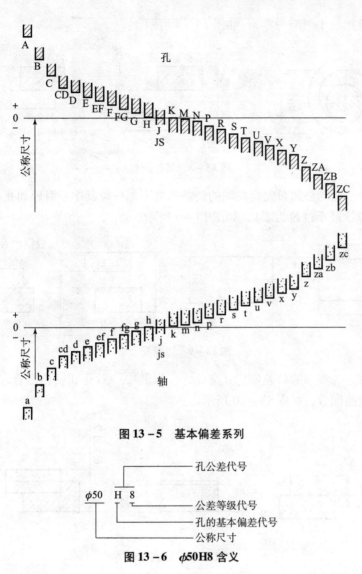

图 13-5　基本偏差系列

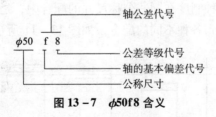

图 13-6　$\phi50H8$ 含义

此公差带的全称是：公称尺寸为 $\phi50$，公差等级为 8 级，基本偏差为 H 的孔的公差带。
又如 $\phi50f8$ 的含义如图 13-7 所示。

图 13-7　$\phi50f8$ 含义

此公差带的全称是：公称尺寸为 $\phi50$，公差等级为 8 级，基本偏差为 f 的轴的公差带。

3. 配合

公称尺寸相同，相互结合的孔和轴公差带之间的关系称为配合。

（1）配合的种类。根据机器的设计要求和生产实际的需要，国家标准将配合分为三类：
①间隙配合。孔的公差带完全在轴的公差带之上，任取其中一对轴和孔相配都成为具有

间隙的配合（包括最小间隙为零），如图 13 – 8 所示。

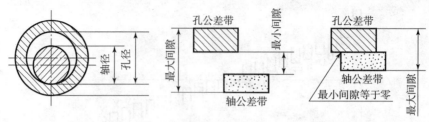

图 13 – 8　间隙配合

②过盈配合。孔的公差带完全在轴的公差带之下，任取其中一对轴和孔相配都成为具有过盈的配合（包括最小过盈为零），如图 13 – 9 所示。

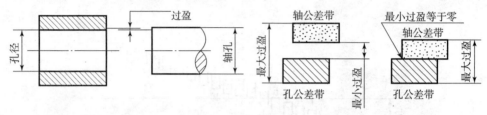

图 13 – 9　过盈配合

③过渡配合。孔和轴的公差带相互交叠，任取其中一对孔和轴相配合，可能具有间隙，也可能具有过盈的配合，如图 13 – 10 所示。

图 13 – 10　过渡配合

（2）配合的基准制。国家标准规定了两种基准制。

①基孔制。基本偏差为一定的孔的公差带，与不同基本偏差的轴的公差带构成各种配合的一种制度称为基孔制。这种制度在同一公称尺寸的配合中，是将孔的公差带位置固定，通过变动轴的公差带位置，得到各种不同的配合，如图 13 – 11 所示。

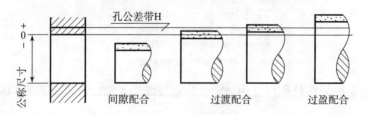

图 13 – 11　基孔制配合

基孔制的孔称为基准孔。国标规定基准孔的下极限偏差为零，"H"为基准孔的基本偏差。

②基轴制。基本偏差为一定的轴的公差带与不同基本偏差的孔的公差带构成各种配合的一种制度称为基轴制。这种制度在同一公称尺寸的配合中，是将轴的公差带位置固定，通过变动孔的公差带位置，得到各种不同的配合，如图 13 - 12 所示。

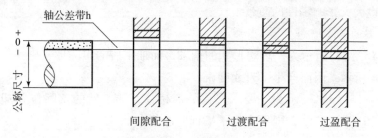

图 13 - 12　基轴制配合

基轴制的轴称为基准轴。国家标准规定基准轴的上极限偏差为零，"h"为基轴制的基本偏差。

4. 公差与配合的标注

（1）在装配图中的标注方法。配合的代号由两个相互结合的孔和轴的公差带的代号组成，用分数形式表示，分子为孔的公差带代号，分母为轴的公差带代号，标注的通用形式如图 13 - 13 所示。

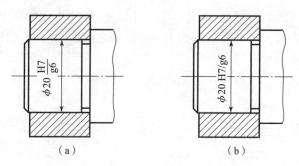

图 13 - 13　装配图中尺寸公差的标注方法

（2）在零件图中的标注方法。如图 13 - 14 所示，图 13 - 14（a）标注公差带的代号；图 13 - 14（b）标注偏差数值；图 13 - 14（c）公差带代号和偏差数值一起标注。

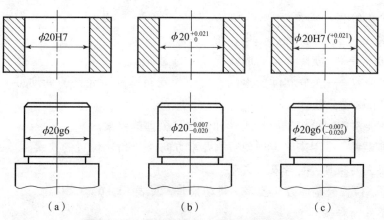

图 13 - 14　零件图中尺寸公差的标注方法

三、几何公差

评定零件的质量的因素是多方面的，不仅零件的尺寸影响零件的质量，零件的几何形状和结构的位置也大大影响零件的质量。

1. 几何公差的基本概念

如图 13-15（a）所示为一理想形状的销轴，而加工后的实际形状则是轴线变弯了，如图 13-15（b）所示，因而产生了直线度误差。

又如图 13-16（a）所示为一要求严格的四棱柱，加工后的实际位置却是上表面倾斜了，如图 13-16（b）所示，因而产生了平行度误差。

| （a） | （b） | （a） | （b） |

图 13-15　形状误差　　　　　　　　图 13-16　位置误差

如果零件存在严重的形状和位置误差，将使其装配造成困难，影响机器的质量，因此，对于精度要求较高的零件，除给出尺寸公差外，还应根据设计要求，合理地确定出形状和位置误差的最大允许值，如图 13-17（b）中的 $\phi 0.08$ ［即销轴轴线必须位于直径为公差值 $\phi 0.08$ 的圆柱面内，如图 13-17（a）所示］、图 13-18（b）中的 0.1，即上表面必须位于距离为公差值 0.1 且平行于基准表面 A 的两平行平面之间，如图 13-18（a）所示。几何公差：实际被测要素的允许变动量。

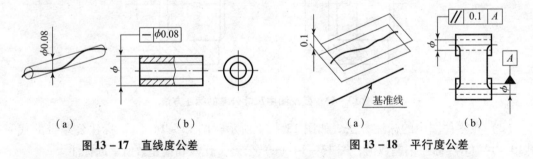

| （a） | （b） | （a） | （b） |

图 13-17　直线度公差　　　　　　　图 13-18　平行度公差

2. 几何公差的有关术语

（1）要素——组成零件的点、线、面。

（2）形状公差——实际要素的形状所允许的变动量。

（3）位置公差——关联实际要素的方向或位置对基准所允许的变动量，它包括定向公差、定位公差和跳动公差。

（4）被测要素——给出了形状或（和）位置公差的要素。

（5）基准要素——用来确定理想被测要素方向或（和）位置的要素。

3. 几何公差的项目、符号及公差带

形状公差、位置公差、方向公差、跳动公差，见表 13-6。

4. 几何公差的标注

（1）公差框格。公差框格用细实线画出，可画成水平的或垂直的，框格高度是图样中尺寸数字高度的两倍，它的长度视需要而定。框格中的数字、字母、符号与图样中的数字等高。图 13－19 给出了几何公差的框格形式。用带箭头的指引线将被测要素与公差框格一端相连。

表 13－6 几何公差的类型、几何特征及符号

公差类型	几何特征	符号	有无基准	参见条款
形状公差	直线度	一	无	18.1
	平面度	▱	无	18.2
	圆度	○	无	18.3
	圆柱度	⌀	无	18.4
	线轮廓度	⌒	无	18.6
	面轮廓度	⌓	无	18.7
方向公差	平行度	//	有	18.9
	垂直度	⊥	有	18.10
	倾斜度	∠	有	18.11
	线轮廓度	⌒	有	18.6
	面轮廓度	⌓	有	18.7
位置公差	位置度	⊕	有或无	18.12
	同心度（用于中心点）	◎	有	18.13
	同轴度（用于轴线）	◎	有	18.13
	对称度	═	有	18.14
	线轮廓度	⌒	有	18.6
	面轮廓度	⌓	有	18.7
跳动公差	圆跳动	↗	有	18.15
	全跳动	⌖↗	有	18.16

注：国家标准 GB/T 1182—2008 规定几何特征符号线宽为 $h/10$，符号高度为 h（同字高），其中，平面度、圆柱度、平行度、跳动等符号的倾斜角度为 75°。

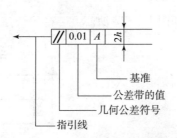

图 13－19 几何公差代号及基准符号

（2）被测要素。用带箭头的指引线将被测要素与公差框格一端相连，指引线箭头指向公差带的宽度方向或直径方面。指引线箭头所指部位如下。

①当被测要素为整体轴线或公共中心平面时，指引线箭头可直接指在轴线或中心线上，如图 13－20（a）所示。

②当被测要素为轴线、球心或中心平面时，指引线箭头应与该要素的尺寸线对齐，如图 13－20（b）所示。

③当被测要素为线或表面时，指引线箭头应指在该要素的轮廓线或其引出线上，并应明显地与尺寸线错开，如图13-20（c）所示。

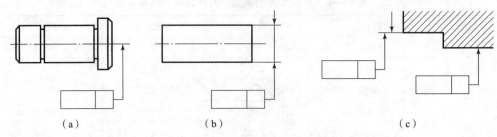

（a）　　　　　　　　　　（b）　　　　　　　　　　（c）

图13-20　被测要素标注示例

（3）基准要素。基准符号的画法如图13-21所示，无论基准符号在图中的方向如何，细实线框内的字母一律水平书写。

①当基准要素为素线或表面时，基准符号应靠近该要素的轮廓线或引出线标注，并应明显地与尺寸线箭头错开，如图13-21（a）所示。

②当基准要素为轴线、球心或中心平面时，基准符号应与该要素的尺寸线箭头对齐，如图13-21（b）所示。

③当基准要素为整体轴线或公共中心面时，基准符号可直接靠近公共轴线（或公共中心线）标注，如图13-21（c）所示。

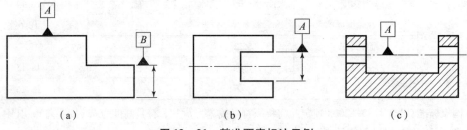

（a）　　　　　　　　　　（b）　　　　　　　　　　（c）

图13-21　基准要素标注示例

（4）几何公差标注示例，如图13-22所示。

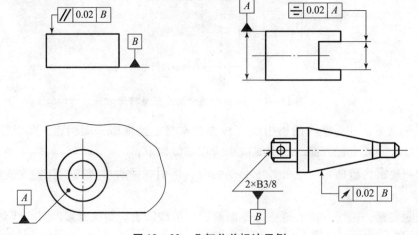

图13-22　几何公差标注示例

任务实施

1. 按题中给定的表面粗糙度要求，把符号标注在图 13–23 所示的相应的表面上。

A – MRR Ra1.6　　B – MRR 车 Rz3.2　　　C – MRR 铰 Ra0.4

D – MRR Ra3.2　　E – MRR 车 Ra12.5　　F – MRR 车 Ra1.6　　　其余 MRR 车 Ra25

其中：APA 为允许任何工艺，MRR 为去除材料，NMR 为不去除材料。

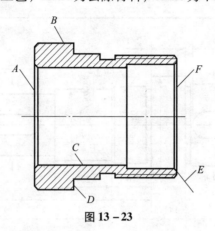

图 13–23

2. 识读图 13–24 所示零件的几何公差。

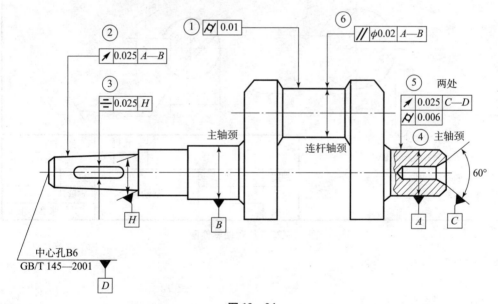

图 13–24

任务评价

采用学生提问、教师与学生互动的教学方式，教师引导与学生自评、互评相结合。评价内容：参与活动是否积极，是否勤于思考，查表是否正确，数据计算是否正确，标注是否符合标准。

实作练习

1. 练习标注各类零件表面结构。
2. 练习标注与阅读零件图中的极限与配合。
3. 练习标注与阅读零件的几何公差。
4. 读懂图 13 – 25 中的几何技术规范。

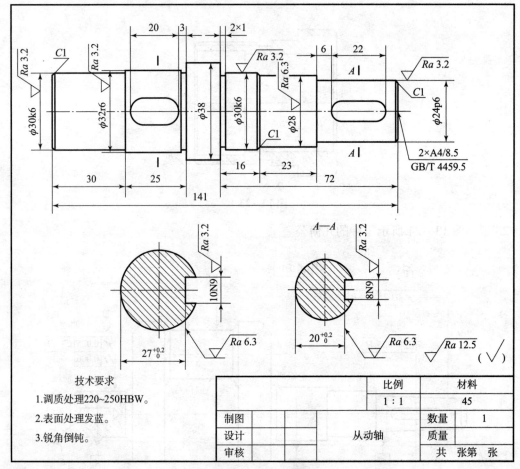

图 13 – 25　从动轴零件图

任务十四　绘制与识读零件图

学习目标

掌握零件图的内容，能运用机件表达方法绘制零件图，能熟练标注零件的几何技术规范、尺寸和其他技术要求，提高作图和识图技能。

任务设计

如图 14 – 1（a）所示为齿轮油泵，该泵由七种零件组成，先分别绘制七个零件的零件图，按零件图分别生产出七种零件，然后再组装成齿轮油泵。图 14 – 1（b）中画出了泵盖的零件图。显然这个图比以前要求的图多了些内容。本任务将教会学生如何画零件图，并教会学生识读零件图。

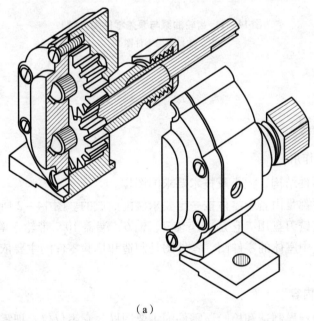

（a）

图 14 – 1　齿轮油泵与泵盖零件图

（a）齿轮油泵

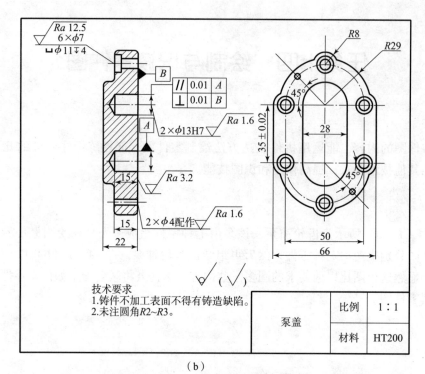

（b）

图 14 – 1　齿轮油泵与泵盖零件图（续）

（b）泵盖零件图

相关知识

一、零件图概述

（一）零件图的作用

零件图是表示零件结构、大小及技术要求的图样。

任何机器或部件都是由若干零件按一定要求装配而成的。图 14 – 2 所示的铣刀头是铣床上的一个部件，供装铣刀盘用。它是由座体 7、轴 6、端盖 10、带轮 5 等十多种零件组成。图 14 – 3 所示即是其中座体的零件图。零件图是制造和检验零件的主要依据，是指导生产的重要技术文件。

（二）零件图的内容

零件图是生产中指导制造和检验该零件的主要图样，它不仅仅是把零件的内、外结构形状和大小表达清楚，还需要对零件的材料、加工、检验、测量提出必要的技术要求。零件图必须包含制造和检验零件的全部技术资料。因此，一张完整的零件图一般应包括以下几项内容（如图 14 – 3 所示）：

（1）一组图形。用于正确、完整、清晰和简便地表达出零件内外形状的图形，其中包括机件的各种表达方法，如视图、剖视图、断面图、局部放大图和简化画法等。

（2）完整的尺寸。零件图中应正确、完整、清晰、合理地注出制造零件所需的全部尺寸。

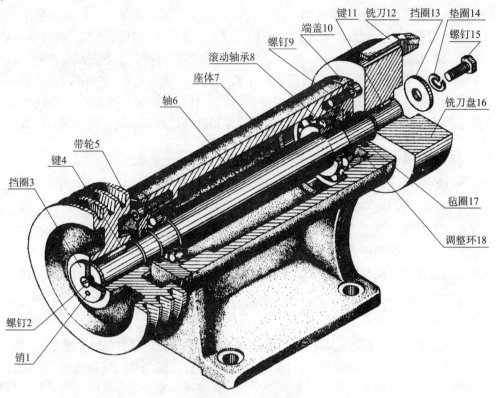

图 14 - 2　铣刀头轴测图

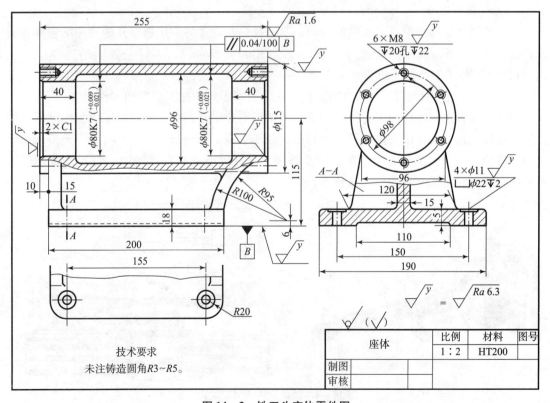

技术要求
未注铸造圆角R3~R5。

图 14 - 3　铣刀头座体零件图

（3）技术要求。零件图中必须用规定的代号、数字、字母和文字注解说明制造和检验零件时在技术指标上应达到的要求。如表面粗糙度，尺寸公差，几何公差，材料和热处理，检验方法以及其他特殊要求等。技术要求的文字一般注写在标题栏上方图纸空白处。

（4）标题栏。标题栏应配置在图框的右下角。它一般由更改区、签字区、其他区、名称以及代号区组成。填写的内容主要有零件的名称、材料、数量、比例、图样代号以及设计、审核、批准者的姓名、日期等。标题栏的尺寸和格式已经标准化，可参见有关标准。

二、零件表达方案的选择

零件的表达方案选择，应首先考虑看图方便。根据零件的结构特点，选用适当的表示方法。由于零件的结构形状是多种多样的，所以在画图前，应对零件进行结构形状分析，结合零件的工作位置和加工位置，选择最能反映零件形状特征的视图作为主视图，并选好其他视图，以确定一组最佳的表达方案。

选择表达方案的原则是：在完整、清晰地表示零件形状的前提下，力求制图简便。

（一）视图选择一般原则

1. 零件分析

零件分析是认识零件的过程，是确定零件表达方案的前提。零件的结构形状及其工作位置或加工位置不同，视图选择也往往不同。因此，在选择视图之前，应首先对零件进行形体分析和结构分析，并了解零件的工作和加工情况，以便确切地表达零件的结构形状，反映零件的设计和工艺要求。

2. 主视图的选择

主视图是表达零件形状最重要的视图，其选择是否合理将直接影响其他视图的选择和看图是否方便，甚至影响到画图时图幅的合理利用。一般来说，零件主视图的选择应满足"合理位置"和"形状特征两个基本原则。

（1）合理位置原则。所谓"合理位置"通常是指零件的加工位置和工作位置。

①加工位置是零件在加工时所处的位置。主视图应尽量表示零件在机床上加工时所处的位置。这样在加工时可以直接进行图物对照，既便于看图和测量尺寸，又可减少差错。如轴套类零件的加工，大部分工序是在车床或磨床上进行，因此通常要按加工位置（即轴线水平放置）画其主视图，如图 14 - 4 所示。

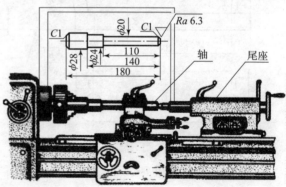

图 14 - 4　轴类零件的加工位置

②工作位置是零件在装配体中所处的位置。零件主视图的放置，应尽量与零件在机器或部件中的工作位置一致。这样便于根据装配关系来考虑零件的形状及有关尺寸，便于校对。如图14-3所示的铣刀头座体零件的主视图就是按工作位置选择的。对于工作位置歪斜放置的零件，因为不便于绘图，应将零件放正。

（2）形状特征原则。确定了零件的安放位置后，还要确定主视图的投影方向。形状特征原则就是将最能反映零件形状特征的方向作为主视图的投影方向，即主视图要较多地反映零件各部分的形状及它们之间的相对位置，以满足表达零件清晰的要求。图14-5所示是确定机床尾架主视图投影方向的比较。由图可知，图14-5（a）的表达效果显然比图14-5（b）的表达效果要好得多。

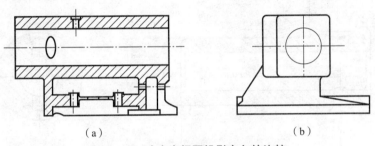

（a）　　　　　　　　　　　　　　　　　　　（b）

图14-5　确定主视图投影方向的比较

3. 选择其他视图

一般来讲，仅用一个主视图是不能完全反映零件的结构形状的，必须选择其他视图，包括剖视、断面、局部放大图和简化画法等各种表达方法。主视图确定后，对其表达未尽的部分，再选择其他视图予以完善表达。具体选用时，应注意以下几点：

（1）根据零件的复杂程度及内、外结构形状，全面地考虑还应需要的其他视图，使每个所选视图应具有独立存在的意义及明确的表达重点，注意避免不必要的细节重复，在明确表达零件的前提下，使视图数量为最少。

（2）优先考虑采用基本视图，当有内部结构时应尽量在基本视图上作剖视；对尚未表达清楚的局部结构和倾斜部分结构，可增加必要的局部（剖）视图和局部放大图；有关的视图应尽量保持直接投影关系，配置在相关视图附近。

（3）按照视图表达零件形状要正确、完整、清晰、简便的要求，进一步综合、比较、调整、完善，选出最佳的表达方案。

（二）典型零件的视图选择及表达方法

A 轴套类零件

1. 结构分析

轴套类零件的基本形状是同轴回转体。在轴上通常有键槽、销孔、螺纹退刀槽、倒圆等结构。此类零件主要是在车床或磨床上加工。如图14-6所示的柱塞套即属于轴套类零件。

2. 主视图选择

这类零件的主视图按其加工位置选择，一般按水平位置放置。这样既可把各段形体的相对位置表示清楚，同时又能反映出轴上轴肩、退刀槽等结构。

3. 其他视图的选择

轴套类零件主要结构形状是回转体，一般只画一个主视图。确定了主视图后，由于轴上的各段形体的直径尺寸在其数字前加注符号"φ"表示，因此不必画出其左（或右）视图。对于零件上的键槽、孔等结构，一般可采用局部视图、局部剖视图、移出断面和局部放大图。如图 14－6 所示。

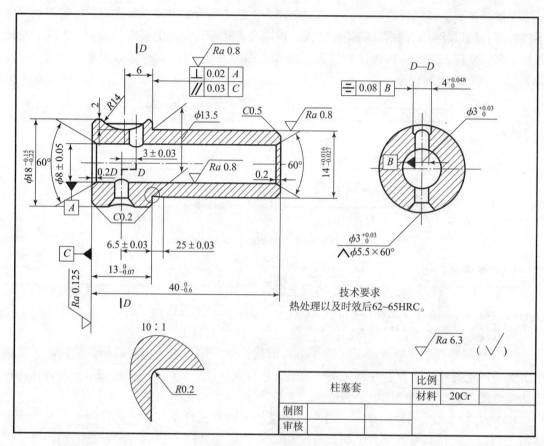

图 14－6　柱塞套零件图

B 盘盖类零件

1. 结构分析

轮盘类零件包括端盖、阀盖、齿轮等，这类零件的基本形体一般为回转体或其他几何形状的扁平的盘状体，通常还带有各种形状的凸缘、均布的圆孔和肋等局部结构。轮盘类零件的作用主要是轴向定位、防尘和密封。如图 14－7 所示的轴承盖。

2. 主视图选择

轮盘类零件的毛坯有铸件或锻件，机械加工以车削为主，主视图一般按加工位置水平放置，但有些较复杂的盘盖，因加工工序较多，主视图也可按工作位置画出。为了表达零件内部结构，主视图常取全剖视。

3. 其他视图的选择

轮盘类零件一般需要两个以上基本视图表达，除主视图外，为了表示零件上均布的孔、槽、肋、轮辐等结构，还需选用一个端面视图（左视图或右视图），如图 14 – 7 所示增加了一个左视图，以表达凸缘和三个均布的通孔。此外，为了表达细小结构，有时还常采用局部放大图。

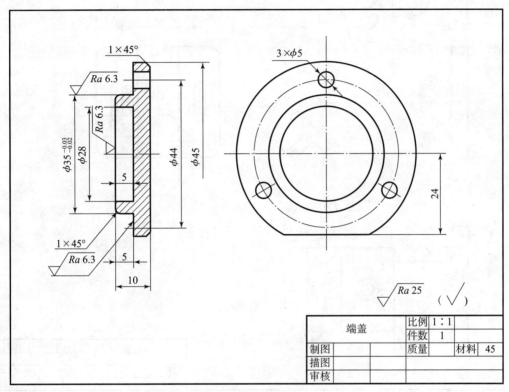

图 14 – 7　端盖零件图

C 叉架类零件

1. 结构分析

叉架类零件一般有拨叉、连杆、支座等。此类零件常用倾斜或弯曲的结构连接零件的工作部分与安装部分。叉架类零件多为铸件或锻件，因而具有铸造圆角、凸台、凹坑等常见结构，图 14 – 8 所示踏脚座属于叉架类零件。

2. 主视图选择

叉架类零件结构形状比较复杂，加工位置多变，有的零件工作位置也不固定，所以这类零件的主视图一般按工作位置原则和形状特征原则确定。如图 14 – 8 所示踏脚架零件图。

3. 其他视图的选择

对其他视图的选择，常常需要两个或两个以上的基本视图，并且还要用适当的局部视图、断面图等表达方法来表达零件的局部结构。图 14 – 8 所示踏脚架零件图选择表达方案精练、清晰。对于表达轴承孔和肋的宽度来讲右视图是没有必要的，而对 T 字形肋，采用移出断面比较合适。

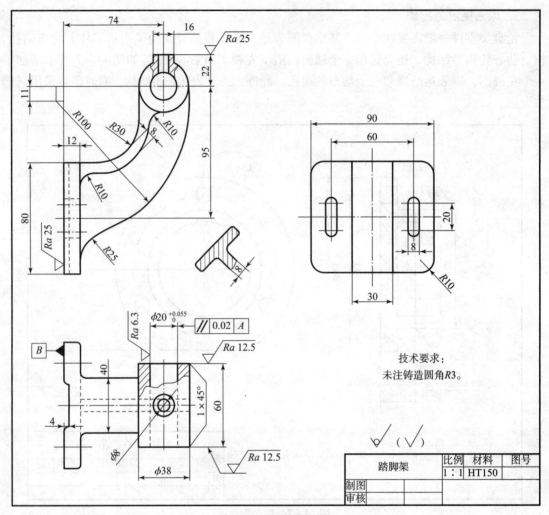

图 14 – 8　踏脚架零件图

D 箱体类零件

1. 结构分析

箱体类零件主要有阀体、泵体、减速器箱体等零件，其作用是支持或包容其他零件，如图 14 – 9 所示。这类零件有复杂的内腔和外形结构，并带有轴承孔、凸台、肋板，此外还有安装孔、螺孔等结构。

2. 主视图选择

由于箱体类零件加工工序较多，加工位置多变，所以在选择主视图时，主要根据工作位置原则和形状特征原则来考虑，并采用剖视，以重点反映其内部结构，如图 14 – 9 中的主视图所示。

3. 其他视图的选择

为了表达箱体类零件的内外结构，一般要用三个或三个以上的基本视图，并根据结构特点在基本视图上取剖视，还可采用局部视图、斜视图及规定画法等表达外形。在图 14 – 9 中，由于主视图上无对称面，采用了全剖视来表达内部形状，并选用了 A—A 半剖视，局部剖视，表达内外形状，俯视图主要表达缸体的外形。

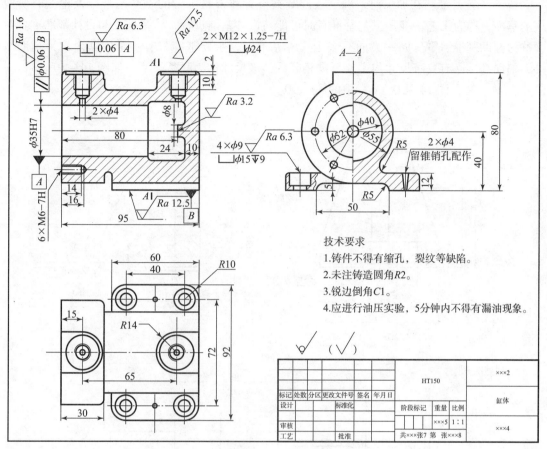

图 14 – 9 缸体零件图

三、零件图的尺寸标注

（一）正确选择尺寸基准

零件图尺寸标注既要保证设计要求又要满足工艺要求，首先应当正确选择尺寸基准。所谓尺寸基准，就是指零件装配到机器上或在加工测量时，用以确定其位置的一些面、线或点。它可以是零件上对称平面、安装底平面、端面、零件的结合面、主要孔和轴的轴线等。

1. 选择尺寸基准的目的

一是为了确定零件在机器中的位置或零件上几何元素的位置，以符合设计要求；二是为了在制作零件时，确定测量尺寸的起点位置，便于加工和测量，以符合工艺要求。

2. 尺寸基准的分类

根据基准作用不同，一般将基准分为设计基准和工艺基准两类。

（1）设计基准。根据零件结构特点和设计要求而选定的基准，称为设计基准。零件有长、宽、高三个方向，每个方向都要有一个设计基准，该基准又称为主要基准，如图 14 – 10 （a）所示。

对于轴套类和轮盘类零件，实际设计中经常采用的是轴向基准和径向基准，而不用长、宽、高基准，如图 14 – 10 （b）所示。

（2）工艺基准。在加工时，确定零件装夹位置和刀具位置的一些基准以及检测时所使用的基准，称为工艺基准。工艺基准有时可能与设计基准重合，该基准不与设计基准重合时又称为辅助基准。零件同一方向有多个尺寸基准时，主要基准只有一个，其余均为辅助基准，辅助基准必有一个尺寸与主要基准相联系，该尺寸称为联系尺寸。如图 14 – 10（a）中的 40、11、30，图 14 – 10（b）中的 30、90。

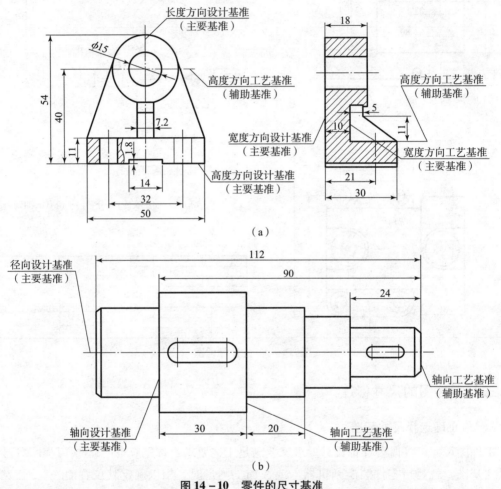

（a）

（b）

图 14 – 10　零件的尺寸基准

（a）叉架类零件；（b）轴类零件

3. 选择基准的原则

尽可能使设计基准与工艺基准一致，以减少两个基准不重合而引起的尺寸误差。当设计基准与工艺基准不一致时，应以保证设计要求为主，将重要尺寸从设计基准注出，次要基准从工艺基准注出，以便加工和测量。

（二）合理选择标注尺寸应注意的问题

1. 结构上的重要尺寸必须直接注出

重要尺寸是指零件上对机器的使用性能和装配质量有关的尺寸，这类尺寸应从设计基准直接注出。如图 14 – 11 中的高度尺寸 32 ± 0.01 为重要尺寸，应直接从高度方向主要基准直接注出，以保证精度要求。

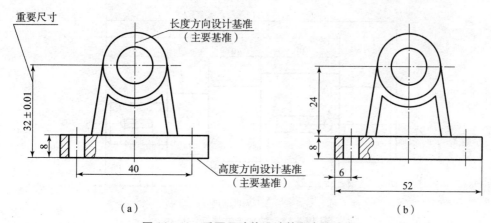

图 14 – 11　重要尺寸从设计基准直接注出

(a) 合理；(b) 不合理

2. 避免出现封闭的尺寸链

封闭的尺寸链是指一个零件同一方向上的尺寸像车链一样，一环扣一环首尾相连，成为封闭形状的情况。如图 14 – 12 所示，各分段尺寸与总体尺寸间形成封闭的尺寸链，在机器生产中这是不允许的，因为各段尺寸加工不可能绝对准确，总有一定尺寸误差，而各段尺寸误差的和不可能正好等于总体尺寸的误差。为此，在标注尺寸时，应将次要的轴段尺寸空出不注（称为开口环），如图 14 – 13 (a) 所示。这样，其他各段加工的误差都积累至这个不要求检验的尺寸上，而全长及主要轴段的尺寸则因此得到保证。如需标注开口环的尺寸时，可将其注成参考尺寸，如图 14 – 13 (b) 所示。

图 14 – 12　封闭的尺寸链

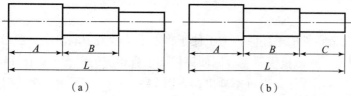

(a)　　　　　　　　　　(b)

图 14 – 13　开口环的确定

3. 考虑零件加工、测量和制造的要求

(1) 考虑加工看图方便。不同加工方法所用尺寸分开标注，便于看图加工，如图 14 – 14所示，是把车削与铣削所需要的尺寸分开标注。

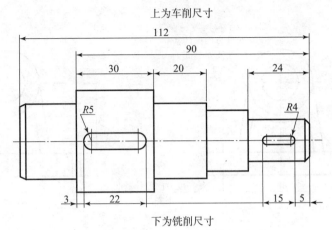

图 14 – 14　按加工方法标注尺寸

（2）考虑测量方便。尺寸标注有多种方案，但要注意所注尺寸是否便于测量，如图 14 – 15所示结构，两种不同标注方案中，不便于测量的标注方案是不合理的。

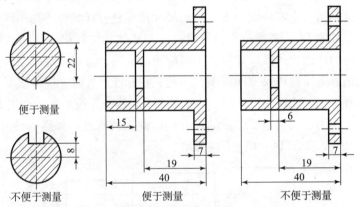

图 14 – 15　考虑尺寸测量方便

（三）零件上常见孔的尺寸注法

光孔、锪孔、沉孔和螺孔是零件图上常见的结构，它们的尺寸标注分为普通注法和旁注阀。

（四）铸造零件的工艺结构

1. 拔模斜度

用铸造方法制造零件的毛坯时，为了便于将木模从砂型中取出，一般沿木模拔模的方向作成约 1:20 的斜度，叫做拔模斜度。因而铸件上也有相应的斜度，如图 14 – 16（a）所示。这种斜度在图上可以不标注，也可不画出，如图 14 – 16（b）所示。必要时，可在技术要求中注明。

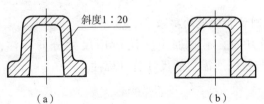

图 14 – 16　拔模斜度

2. 铸造圆角

在铸件毛坯各表面的相交处，都有铸造圆角，如图 14－17 所示。这样既便于起模，又能防止在浇铸时铁水将砂型转角处冲坏，还可避免铸件在冷却时产生裂纹或缩孔。铸造圆角半径在图上一般不注出，而写在技术要求中。铸件毛坯底面（作安装面）常需经切削加工，这时铸造圆角被削平如图 14－17 所示。

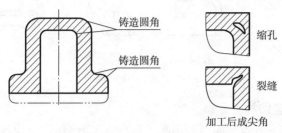

图 14－17　铸造圆角

铸件表面由于圆角的存在，使铸件表面的交线变得不很明显，如图 14－18 所示，这种不明显的交线称为过渡线。

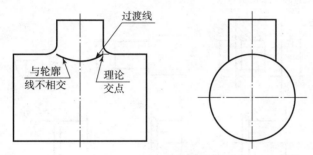

图 14－18　过渡线及其画法

过渡线的画法与交线画法基本相同，只是过渡线的两端与圆角轮廓线之间应留有空隙。图 14－19 是常见的几种过渡线的画法。

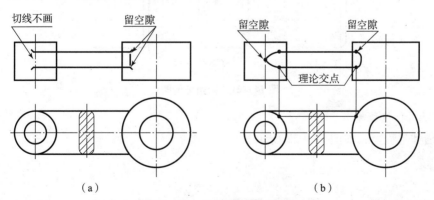

（a）　　　　　　　　　　　　　　　（b）

图 14－19　常见的几种过渡线

3. 铸件壁厚

在浇铸零件时，为了避免各部分因冷却速度不同而产生缩孔或裂纹，铸件的壁厚应保持大致均匀，或采用渐变的方法，并尽量保持壁厚均匀，见图 14－20。

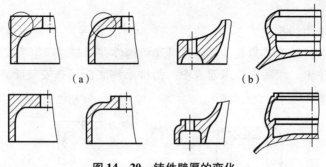

图 14 - 20　铸件壁厚的变化

（a）错误；（b）正确

（五）机械加工工艺结构

机械加工工艺结构主要有：倒圆、例角、越程槽、退刀槽、凸台和凹坑、中心孔等。常见机械加工工艺结构的画法、尺寸标注及用途见表 14 - 2。

1. 倒角与倒圆

倒角与倒圆，如图 14 - 21 所示。

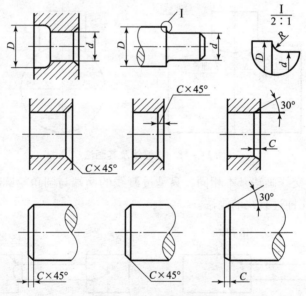

图 14 - 21　倒角与倒圆

2. 退刀槽和越程槽

退刀槽和越程槽，如图 14 - 22 所示。

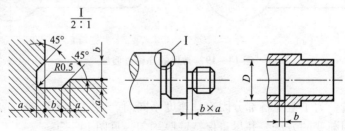

图 14 - 22　退刀槽和越程槽

3. 凸台和凹坑

凸台和凹坑，如图 14 – 23 所示。

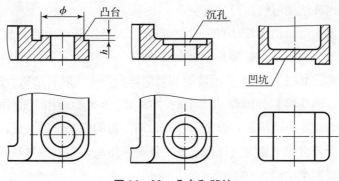

图 14 – 23 凸台和凹坑

4. 中心孔

中心孔，如图 14 – 24 所示。

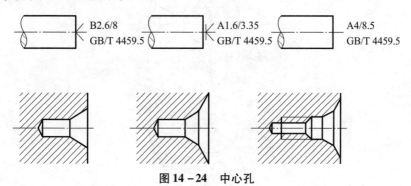

图 14 – 24 中心孔

四、零件的测绘

(一) 零件测绘的方法和步骤

下面以齿轮油泵的泵体（图 14 – 25）为例，说明零件测绘的方法和步骤。

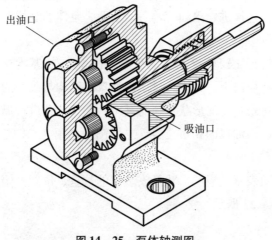

图 14 – 25 泵体轴测图

1. 了解和分析测绘对象

首先应了解零件的名称、材料以及它在机器或部件中的位置、作用及与相邻零件的关系，然后对零件的内外结构形状进行分析。

齿轮油泵是机器润滑供油系统中的一个主要部件，当外部动力经齿轮传至主动齿轮轴时，即产生旋转运动。当主动齿轮轴按逆时针方向（从主视图观察）旋转时，从动齿轮轴则按顺时针方向旋转，如图 14-26 所示齿轮油泵工作原理。此时右边啮合的轮齿逐步分开，空腔体积逐渐扩大，油压降低，因而油池中的油在大气压力的作用下，沿吸油口进入泵腔中。齿槽中的油随着齿轮的继续旋转被带到左边；而左边的各对轮齿又重新啮合，空腔体积缩小，使齿槽中不断挤出的油成为高压油，并由压油口压出，然后经管道被输送到需要供油的部位。以实现供油润滑功能。

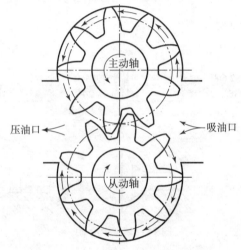

图 14-26　齿轮油泵工作原理简图

泵体是油泵上的一个主体件，属于箱体类零件，材料为铸铁。它的主要作用是容纳一对啮合齿轮及进油、出油通道，在泵体上设置了两个销孔和六个螺孔，是为了使左泵盖和右泵盖与其定位和连接。泵体下部带有凹坑的底板和其上的二个沉孔是为了安装油泵。泵体进、出油口孔端的螺孔是为了连接进、出油管等等。至此，泵体的结构已基本分析清楚。

2. 确定表达方案

由于泵座的内外结构都比较复杂，应选用主、左、仰三个基本视图。泵体的主视图应按其工作位置及形状结构特征选定，为表达进、出油口的结构与泵腔的关系，应对其中一个孔道进行局部剖视。为表达安装孔的形状也应对其中一个安装孔进行局部剖视。

为表达泵体与底板、出油口的相对位置，左视图应选用 A—A 旋转剖视图，将泵腔及孔的结构表示清楚。

然后再选用一俯视图表示底板的形状及安装孔的数量、位置。俯视图取向局部视图，最后选定表达方案如图 14-27 所示。

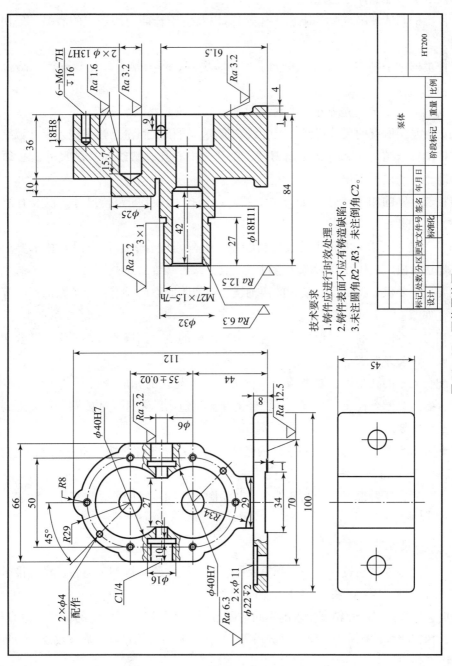

技术要求
1. 铸件应进行时效处理。
2. 铸件表面不应有铸造缺陷。
3. 未注圆角R2—R3，未注倒角C2。

泵体

HT200

图14–27　泵体零件图

3. 绘制零件草图

（1）绘制图形。根据选定的表达方案，徒手画出视图、剖视等图形，其作图步骤与画零件画相同。但需注意以下两点：

①零件上的制造缺陷（如砂眼、气孔等），以及由于长期使用造成的磨损、碰伤等，均不应画出。

②零件上的细小结构（如铸造圆角、倒角、倒圆、退刀槽、砂轮越程槽、凸台和凹坑等）必须画出。

（2）标注尺寸。先选定基准，再标注尺寸。具体应注意以下三点：

①先集中画出所有的尺寸界线、尺寸线和箭头，再依次测量、逐个记入尺寸数字。

②零件上标准结构（如键槽、退刀槽、销孔、中心孔、螺纹等）的尺寸，必须查阅相应国家标准，并予以标准化。

③与相邻零件的相关尺寸（如泵体上螺孔、销孔、沉孔的定位尺寸，以及有配合关系的尺寸等）一定要一致。

（3）注写技术要求。零件上的表面粗糙度、极限与配合、形位公差等技术要求，通常可采用类比法给出。具体注写时需注意以下三点：

①主要尺寸要保证其精度。泵体的两轴线、轴线距底面以及有配合关系的尺寸等，都应给出公差，如图 14 – 27 所示。

②有相对运动的表面及对形状、位置要求较严格的线、面等要素，要给出既合理又经济的粗糙度或形位公差要求。

③有配合关系的孔与轴，要查阅与其相结合的轴与孔的相应资料（装配图或零件图），以核准配合制度和配合性质。只有这样，经测绘而制造出的零件，才能顺利地装配到机器上去并达到其功能要求。

（4）填写标题栏。一般可填写零件的名称、材料及绘图者的姓名和完成时间等等。

4. 根据零件草图画零件图

草图完成后，便要根据它绘制零件图，其绘图方法和步骤同前，这里不再赘述。完成的零件图如图 14 –27 所示。

（二）零件尺寸的测量方法

测量尺寸是零件测绘过程中一个很重要的环节，尺寸测量得准确与否，将直接影响机器的装配和工作性能，因此，测量尺寸要谨慎。

测量时，应根据对尺寸精度要求的不同选用不同的测量工具。常用的量具有钢直尺，内、外卡钳等；精密的量具有游标卡尺、千分尺等；此外，还有专用量具，如螺纹规、圆角规等。

图 14 – 28 ~ 图 14 – 31 为常见尺寸的测量方法。

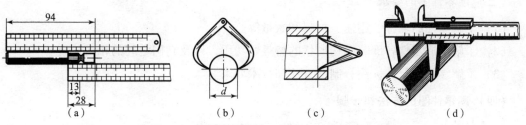

图 14-28　线性尺寸及内、外径尺寸的测量方法

（a）用钢尺测一般轮廓；（b）用外卡钳测外径；（c）用内卡钳测内径；（d）用游标卡尺测精确尺寸

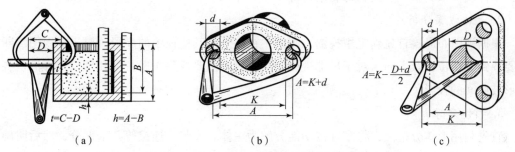

图 14-29　壁厚、孔间距的测量方法

（a）测量壁厚；（b）测量孔间距；（c）测量孔间距

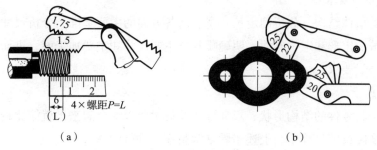

图 14-30　螺距、圆弧半径的测量方法

（a）用螺纹规测量螺距；（b）用圆角规测量圆弧半径

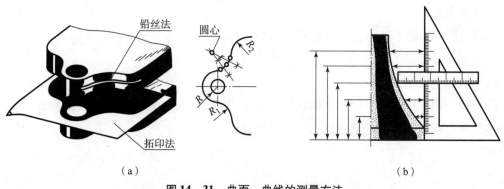

图 14-31　曲面、曲线的测量方法

（a）用铅丝法和拓印法测量曲面；（b）用坐标法测量曲线

（三）读零件图的要求

（1）了解零件的名称、用途、材料和数量等。

（2）了解组成零件各部分结构形状的特点、功用，以及它们之间的相对位置。

（3）了解零件的尺寸标注、制造方法和技术要求。

（四）读零件图的方法和步骤

1. 看标题栏

首先看标题栏，了解零件的名称、材料、比例等，并浏览全图，对零件有个概括了解，如：零件属什么类型，大致轮廓和结构等。

2. 表达方案分析

根据视图布局，首先确定主视图，围绕主视图分析其他视图的配置。对于剖视图、断面图要找到剖切位置及方向，对于局部视图和局部放大图要找到投影方向和部位，弄清楚各个图形彼此间的投影关系。

3. 形体分析

首先利用形体分析法，将零件按功能分解为主体、安装、连接等几个部分，然后明确每一部分在各个视图中的投影范围与各部分之间的相对位置，最后仔细分析每一部分的形状和作用。

4. 分析尺寸和技术要求

根据零件的形体结构，分析确定长、宽、高各方向的主要基准。分析尺寸标注和技术要求，找出各部分的定形和定位尺寸，明确哪些是主要尺寸和主要加工面，进而分析制造方法等，以便保证质量要求。

5. 综合考虑

综上所述，将零件的结构形状、尺寸标注及技术要求综合起来，就能比较全面地阅读这张零件图。在实际读图过程中，上述步骤常常是穿插进行的。

（五）读图举例

图 14-32（b）为连杆零件图，具体读图过程如下：

1. 看标题栏

从标题栏中了解零件的名称（连杆）、材料（ZG310-570）等。

2. 表达方案分析

（1）找出主视图；

（2）分析用多少视图、剖视、断面等，找出它们的名称、相互位置和投影关系；

（3）凡有剖视、断面处要找到剖切平面位置；

（4）有局部视图和斜视图的地方必须找到表示投影部位的字母和表示投影方向的箭头；

（5）有无局部放大图及简化画法。

该连杆零件图用一个主视图表达支架的基本外形，用一个移出断面图表达中间连接部分筋板形状，用两个局部剖视表达孔的内部情况，用一个局部视图表达 B 向突出部分的形状。这样整个支架零件的结构都会体现出来，让人一目了然。

3. 进行形体分析和线面分析

（1）先看大致轮廓，再分几个较大的独立部分进行形体分析，逐一看懂；

（2）对外部结构逐个分析；

（3）对内部结构逐个分析；

（4）对不便于形体分析的部分进行线面分析。

4. 进行尺寸分析和了解技术要求

（1）形体分析和结构分析，了解定形尺寸和定位尺寸；

（2）根据零件的结构特点，了解基准和尺寸标注形式；

（3）了解功能尺寸与非功能尺寸；

（4）了解零件总体尺寸。

5. 综合考虑

把零件的结构形状、尺寸标注、工艺和技术要求等内容综合起来，就能了解零件的全貌，也就看懂了零件图。

（a）

图 14 - 32　连杆零件图

（a）连杆实物

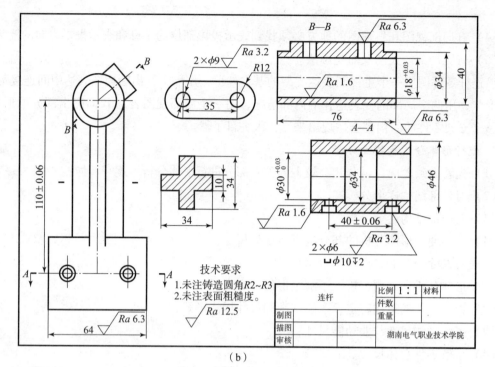

（b）

图 14 – 32 连杆零件图（续）

（b）连杆零件图

任务实施

1. 读涡轮轴零件图，如图 14 – 33 所示。

2. 读法兰盘零件图，如图 14 – 34 所示。

3. 绘制螺塞零件图，如图 14 – 35 所示。

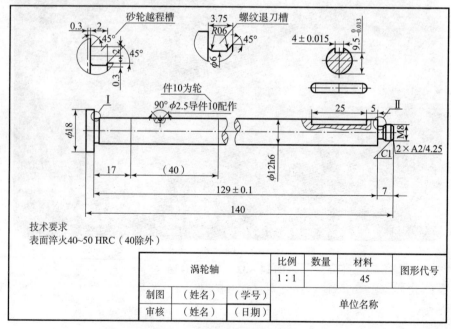

图 14 – 33 涡轮轴零件图

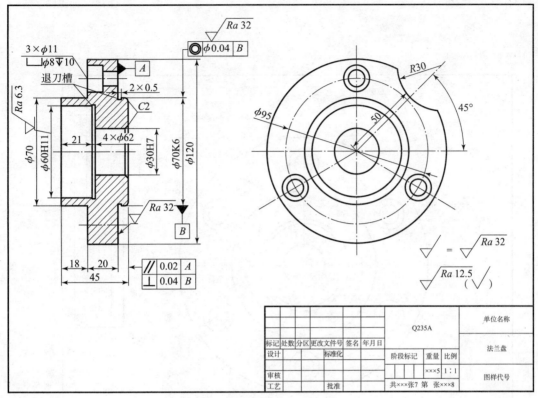

图 14 - 34　法兰盘零件图

任务评价

采用学生观察提问、教师与学生互动讨论的教学方式，教师引导与学生自评、互评相结合。评价内容：参与活动是否积极，是否勤于思考，方案是否合理，尺寸标注与几何技术规范标注是否正确，标注是否符合标准。

实作练习

识读习题图 14 - 35 所示图形回答问题。

（1）该零件属于＿＿＿＿＿＿类零件，材料＿＿＿＿＿＿绘图比例＿＿＿＿＿＿。

（2）该零件图采用＿＿＿＿＿＿个基本视图，主视图采用＿＿＿＿＿＿剖视图表，它的剖切位置在＿＿＿＿＿＿视图中注明，剖切面的种类＿＿＿＿＿＿。

（3）在图中指出三个方向的主要尺寸基准（用箭头线指明引轴向主要尺寸标注）。

（4）$\phi 27H8$ 的公称尺寸为＿＿＿＿＿＿，基本偏差代号为＿＿＿＿＿＿，标准公差为 IT ＿＿＿＿＿＿。

（5）查教材附录，确定下列公差带代号：

$\phi 16^{+0.018}_{0}$ ＿＿＿＿＿＿。　　$\phi 55^{+0.010}_{-0.029}$ ＿＿＿＿＿＿。

（6）端盖大多数表面的表面粗糙度值为＿＿＿＿＿＿。

（7）解释图中尺寸的含义＿＿＿＿＿＿

$\dfrac{6 \times \phi 7}{\text{⌴}\phi 11 \downarrow 5}$ ＿＿＿＿＿＿。

（8）画出端盖的右视外形图。

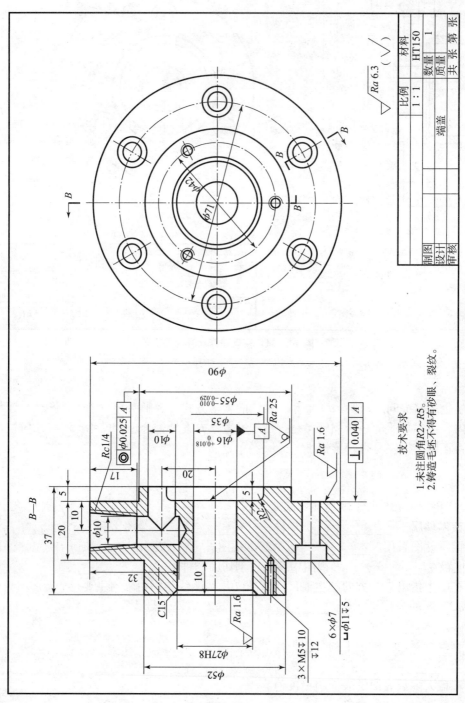

技术要求

1.未注圆角 R2~R5。

2.铸造毛坯不得有砂眼、裂纹。

习题图 14-35 端盖零件图

	比例	材料
	1:1	HT150
		数量	1
		质量	
端盖	共 张	第 张
调图		
设计		
审核		

$\sqrt{Ra\,6.3}$ ($\sqrt{}$)

任务十五　绘制与识读装配图

在机械设计和机械制造的过程中，装配图是不可缺少的重要技术文件。它是表达机器或部件的工作原理及零件、部件间的装配、连接关系的技术图样。本次任务将学习装配图的相关内容。

学习目标

综合运用所学的机械制图知识，掌握装配图的特殊表达方法、规定、画法、尺寸标注等内容，掌握装配图的绘图步骤，学会编写零件序号、填写明细表、题写技术要求等内容，掌握读装配图的方法，能读懂中等复杂机器的装配图。

任务设计

如图 15-1 所示为台虎钳装配立体图，该虎钳由 12 种零件组成，用哪些表达方案能将虎钳中各种零件的装配位置关系展现出来，又能看出工作原理、传动关系、大致外形、装配要求等是本课题要解决的问题。

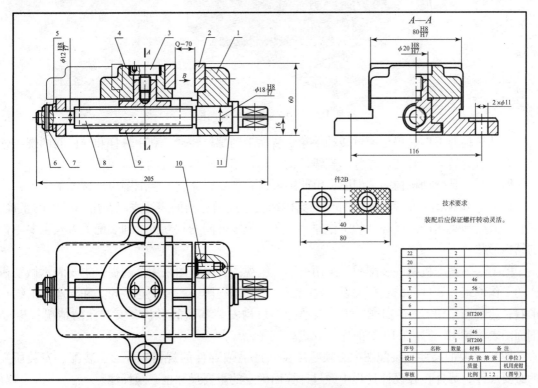

图 15-1　台虎钳装配立体图

相关知识

一、装配图的作用和内容

1. 装配图的作用

在产品或部件的设计过程中，一般是先设计画出装配图，然后再根据装配图进行零件设计，画出零件图；在产品或部件的制造过程中，先根据零件图进行零件加工和检验，再按照依据装配图所制定的装配工艺规程将零件装配成机器或部件；在产品或部件的使用、维护及维修过程中，也经常要通过装配图来了解产品或部件的工作原理及构造。

2. 装配图的内容

图 15 - 2 为一台微动机构的轴测图。

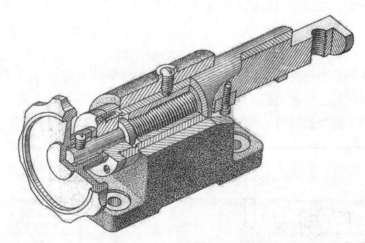

图 15 - 2　微动机构的轴测图

微动机构的工作过程是通过转动手轮，从而带动螺杆转动，利用螺杆和导杆间的螺纹连接关系，将旋转运动转变成导杆的直线运动（微动机构中各零件的名称见图 15 - 3）。

图 15 - 3 是微动机构的装配图，由此图可以看到一张完整的装配图应具备如下内容：

（1）一组视图。根据产品或部件的具体结构，选用适当的表达方法，用一组视图正确、完整、清晰地表达产品或部件的工作原理、各组成零件间的相互位置和装配关系及主要零件的结构形状。

图 15 - 3 微动机构的装配图，采用以下一组视图：主视图采用全剖视，主要表示微动机构的工作原理和零件间的装配关系；左视图采用半剖视图，主要表达手轮 1 和支座 8 的结构形状；俯视图采用 C—C 剖视，主要表达微动机构安装基面的形状和安装孔的情况；B—B 剖面图表示键 12 与导杆 10 等的连接方式。

（2）必要的尺寸。装配图中必须标注反映产品或部件的规格、外形、装配、安装所需的必要尺寸，另外，在设计过程中经过计算而确定的重要尺寸也必须标注。

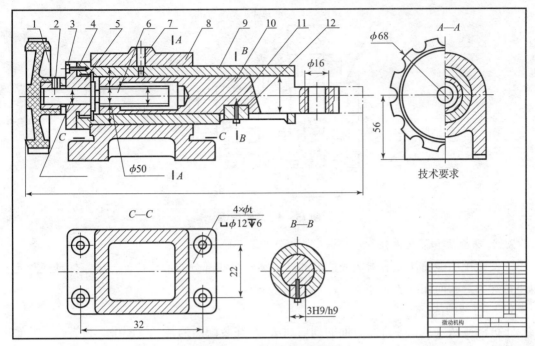

图 15 - 3　微动机构装配图

如在图 15 - 3 所示的微动机构的装配图中所标注的 M12，M16，ϕ20H8/f7，32，82 等。

（3）技术要求。在装配图中用文字或国家标准规定的符号注写出该装配体在装配、检验、使用等方面的要求。如图 15 - 3 所示。

（4）零、部件序号、标题栏和明细栏。按国家标准规定的格式绘制标题栏和明细栏，并按一定格式将零、部件进行编号，填写标题栏和明细栏。如图 15 - 3 所示。

二、装配图的表达方法

装配图的侧重点是将装配体的结构、工作原理和零件间的装配关系正确、清晰地表示清楚。前面所介绍的机件表示法中的画法及相关规定对装配图同样适用。但由于表达的侧重点不同，国家标准对装配图的画法，又做了一些规定。

1. 规定画法

（1）零件间接触面、配合面的画法。相邻两个零件的接触面和基本尺寸相同的配合面，只画一条轮廓线。如图 15 - 4 所示；但若相邻两个零件的基本尺寸不相同，则无论间隙大小，均要画成两条轮廓线。如图 15 - 4 所示。

（2）装配图中剖面符号的画法。装配图中相邻两个金属零件的剖面线，必须以不同方向或不同的间隔画出，如图 15 - 4 所示。要特别注意的是，在装配图中，所有剖视、剖面图中同一零件的剖面线方向、间隔须完全一致。另外，在装配图中，宽度小于或等于 2 mm 的窄剖面区域，可全部涂黑表示，如图 15 - 4 中的垫片。

（3）在装配图中，对于紧固件及轴、球、手柄、键、连杆等实心零件，若沿纵向剖切且剖切平面通过其对称平面或轴线时，这些零件均按不剖绘制。如需表明零件的凹槽、键槽、销孔等结构，可用局部剖视表示。如图 15 - 4 中所示的轴、螺钉和键均按不剖绘制。为表示轴和齿轮间的键连接关系，采用局部剖视。

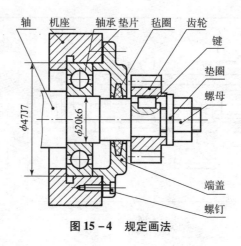

图 15-4　规定画法

2. 特殊画法和简化画法

为使装配图能简便、清晰地表达出部件中某些组成部分的形状特征，国家标准还规定了以下特殊画法和简化画法。

（1）特殊画法。

①拆卸画法（或沿零件结合面的剖切画法）。在装配图的某一视图中，为表达一些重要零件的内、外部形状，可假想拆去一个或几个零件后绘制该视图。如图 15-5 滑动轴承装配图中，俯视图的右半部即是拆去轴承盖、螺栓等零件后画出的。图 15-6 转子油泵的右视图采用的是沿零件结合面剖切画法。

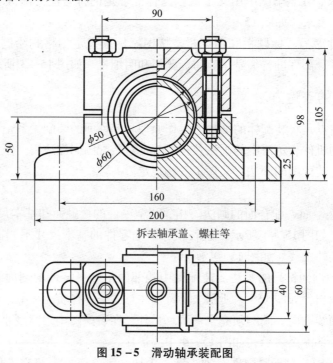

图 15-5　滑动轴承装配图

②假想画法。在装配图中，为了表达与本部件有在装配关系但又不属于本部件的相邻零、部件时，可用双点画线画出相邻零、部件的部分轮廓。如图 15-6 中的主视图，与转子油泵相邻的零件即是用双点画线画出的。

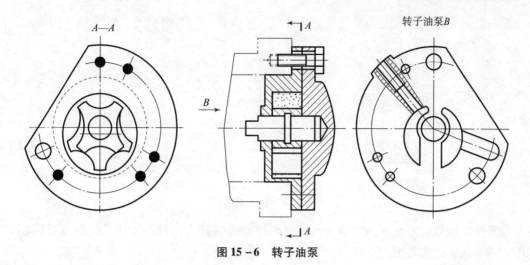

图 15 - 6　转子油泵

在装配图中，当需要表达运动零件的运动范围或极限位置时，也可用双点画线画出该零件在极限位置处的轮廓。如图 15 - 3 微动机构装配图中导杆 10 的运动极限位置。

③单独表达某个零件的画法。在装配图中，当某个零件的主要结构在其他视图中未能表示清楚，而该零件的形状对部件的工作原理和装配关系的理解起着十分重要的作用时，可单独画出该零件的某一视图。如图 15 - 6 转子油泵的 B 向视图。注意，这种表达方法要在所画视图上方注出该零件及其视图的名称。

（2）简化画法。

①在装配图中，若干相同的零、部件组，可详细地画出一组，其余只需用点画线表示其位置即可。如图 15 - 4 中的螺钉连接。

②在装配图中，零件的工艺结构，如倒角、圆角、退刀槽、拔模斜度、滚花等均可不画。如图 15 - 4 中的轴。

三、装配图的零、部件编号与明细栏

1. 装配图中零、部件序号及其编排方法（GB/T 4458.2—2003）

（1）一般规定。①装配图中所有的零、部件都必须编写序号。②装配图中一个部件可以只编写一个序号；同一装配图中相同的零、部件只编写一次。③装配图中零、部件序号，要与明细栏中的序号一致。

（2）序号的编排方法。

①装配图中编写零、部件序号的常用方法有三种。如图 15 - 7 所示。

②同一装配图中编写零、部件序号的形式应一致。

③指引线应自所指部分的可见轮廓引出，并在末端画一圆点。如所指部分轮廓内不便画圆点时，可在指引线末端画一箭头，并指向该部分的轮廓。如图 15 - 8 所示。

④指引线可画成折线，但只可曲折一次。

图 15 - 7　序号的编写方式　　　　　图 15 - 8　指引线画法

⑤一组紧固件以及装配关系清楚的零件组，可以采用公共指引线。如图 15－9 所示。

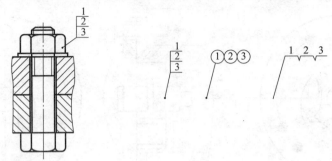

图 15－9　公共指引线

⑥零件的序号应沿水平或垂直方向按顺时针或逆时针方向排列，序号间隔应可能相等。如图 15－3 微动机构装配图中所示。

2. 图中的标题栏及明细栏

（1）标题栏（GB/T 10609.1—2008）。装配图中标题栏格式与零件图中相同。

（2）明细栏（GB/T 10609.2—2009）。明细栏按 GB/T 10609.2—2009 规定绘制，如图 15－10 所示。填写明细栏时要注意以下问题：

图 15－10　标题栏与明细栏

①序号按自下而上的顺序填写，如向上延伸位置不够，可在标题栏紧靠左边自下而上延续。

②备注栏可填写该项的附加说明或其他有关的内容。

四、装配图的尺寸标注和技术要求

1. 装配图的尺寸标注

由于装配图主要是用来表达零、部件的装配关系的，所以在装配图中不需要注出每个零件的全部尺寸，而只需注出一些必要的尺寸。这些尺寸按其作用不同，可分为以下五类。

（1）规格尺寸。规格尺寸是表明装配体规格和性能的尺寸，是设计和选用产品的主要依据。如图 15－3 所示微动机构装配图中螺杆 6 的螺纹尺寸 M12 是微动机构的性能的尺寸，它决定了手轮转动一圈后导杆 10 的位移量。

（2）装配尺寸。装配尺寸包括零件间有配合关系的配合尺寸以及零件间相对位置尺寸。如图 15－3 所示微动机构装配图中 $\phi 20H8/f7$，$\phi 30H8/k7$，$\phi H8/h7$ 的配合尺寸。

（3）安装尺寸。安装尺寸是机器或部件安装到基座或其他工作位置时所需的尺寸。如图 15－3 所示微动机构装配图中的 82，32，4—$\phi 7$ 孔所表示的安装尺寸。

（4）外形尺寸。外形尺寸是指反映装配体总长、总宽、总高的外形轮廓尺寸。如图 15-3 所示微动机构装配图中的 190~210，36，$\phi68$。

（5）其他重要尺寸。在设计过程中经过计算而确定的尺寸和主要零件的主要尺寸以及在装配或使用中必须说明的尺寸。如图 15-3 所示微动机构装配图中的尺寸 190~210，它不仅表示了微动机构的总长，而且表示了运动零件导杆 10 的运动范围。非标准零件上的螺纹标记，如图 15-3 所示微动机构装配图中的 M12，M16 在配图中要注明。

以上五类尺寸，并非装配图中每张装配图上都需全部标注，有时同一个尺寸，可同时兼有几种含义。所以装配图上的尺寸标注，要根据具体的装配体情况来确定。

2. 装配图的技术要求

装配图的技术要求一般用文字注写在图样下方的空白处。技术要求因装配体的不同，其具体的内容有很大不同，但技术要求一般应包括以下几个方面。

（1）装配要求。装配要求是指装配后必须保证的精度以及装配时的要求等。

（2）检验要求。检验要求是指装配过程中及装配后必须保证其精度的各种检验方法。

（3）使用要求。使用要求是对装配体的基本性能、维护、保养、使用时的要求。

五、装配结构

在设计和绘制装配图时，应考虑装配结构的合理性，以保证机器或部件的使用及零件的加工、装拆方便。

1. 接触面与配合面的结构

（1）两个零件接触时，在同一方向只能有一对接触面，这种设计既可满足装配要求，同时制造也很方便。如图 15-11 所示。

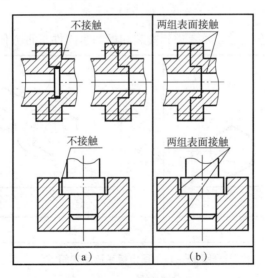

图 15-11 两零件间的接触面

（a）正确；（b）不正确

（2）轴颈和孔配合时，应在孔的接触端面制作倒角或在轴肩根部切槽，以保证零件间接触良好。如图 15-12 所示。

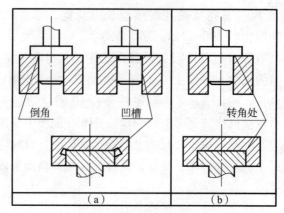

图 15 – 12　接触面转角处的结构

（a）正确；（b）不正确

2. 便于装拆的合理结构

（1）滚动轴承的内、外圈在进行轴向定位设计时，必须要考虑到拆卸的方便。如图 15 – 13 所示。

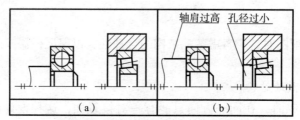

图 15 – 13　滚动轴承端面接触的结构

（a）正确；（b）不正确

（2）用螺纹紧固件连接时，要考虑到安装和拆卸紧固件是否方便。如图 15 – 14 所示。

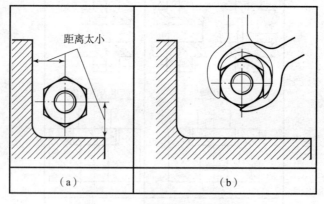

图 15 – 14　留出扳手活动空间

（a）不合理；（b）合理

3. 密封装置和防松装置

密封装置是为了防止机器中油的外溢或阀门、管路中气体、液体的泄漏，通常采用的密封装置如图 15 – 15 所示。其中在油泵、阀门等部件中常采用填料函密封装置，图 15 – 15（a）所示为常见的一种用填料函密封的装置。图 15 – 15（b）是管道中的管子接口处用垫片密封的密封装置。图 15 – 16（c）和图 15 – 16（d）表示的是滚动轴承的常用密封装置。

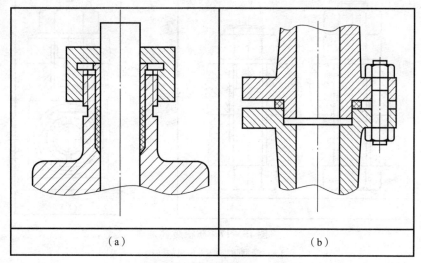

图 15 – 15　密封装置（1）

（a）填料函密封；（b）垫片密封

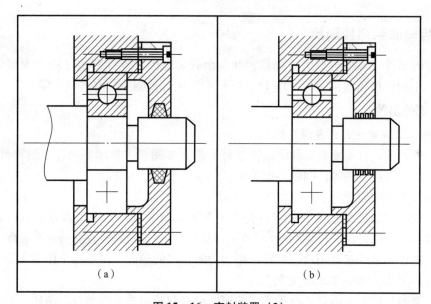

图 15 – 16　密封装置（2）

（a）毡圈式密封；（b）油沟式密封

　　为防止机器因工作震动而致使螺纹紧固件松开，常采用双螺母、弹簧垫圈、止动垫圈、开口销等防松装置。如图 15 – 17 所示。

　　螺纹连接的防松。按防松的原理不同，可分为摩擦防松与机械防松。如采用双螺母、弹簧垫圈的防松装置属于摩擦防松装置；采用开口销、止动垫圈的防松装置属于机械防松装置。

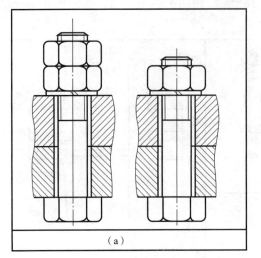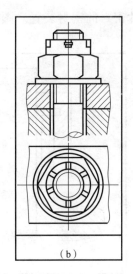

图 15－17　防松装置

（a）摩擦防松；（b）机械防松

任务实施

一、齿轮油泵部件测绘

对已有的部件（或机器）进行测量，并画出其装配图和零件图的过程称为部件（或机器）测绘。下面以齿轮油泵为例（图 15－17）来说明部件测绘的方法和步骤。

（一）部件测绘

1. 分析、了解部件工作原理及结构

在测绘开始前，首先要对部件的结构进行分析，参阅相关技术资料，了解部件的用途、工作原理、结构特点及各零件间的装配关系。

齿轮油泵的工作原理见上一章中图 14－22。

齿轮油泵的轴测见图 15－18。它主要的装配干线有一条，即主动齿轮和轴。装在该轴上的齿轮与另一个齿轮构成齿轮副啮合，轴的伸出端有一个密封装置。另一个装配关系是泵盖与泵体的连接关系。二者用六个螺钉连接，为防止油的泄漏，泵盖与泵体间有密封垫片。

2. 零、部件拆卸和画装配示意图

装配示意图是用来表示部件中各零件的相互位置和装配关系的示意性图样，是重新装配部件和画装配图的参考依据。

装配示意图是用简单的线条和符号示意性的画出部件图样。如图 15－19 所示。画图时应采用国家标准《机构运动简图符号》（GB/T 4460—2013）中所规定的符号，可参见相关技术标准。

在初步了解部件工作原理及结构的基础上，要按照主要装配关系和装配干线依次拆卸各零件，通过对各零件的作用和结构的仔细分析进一步了解各零件间的装配关系。要特别注意零件间的配合关系，弄清其配合性质。拆卸时为了避免零件的丢失与混乱，一方面要妥善保管零件，另一方面可对各零件进行编号，并分清标准件与非标准件，作出相应的记录。标准件只要在测量尺寸后查阅标准，核对并写出规定标记，不必画零件草图和零件图。

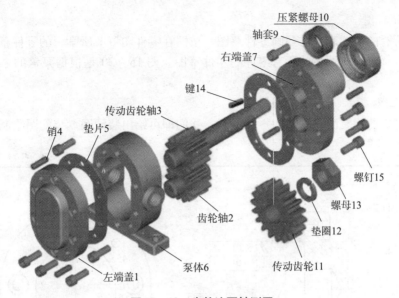

图 15-18　齿轮油泵轴测图

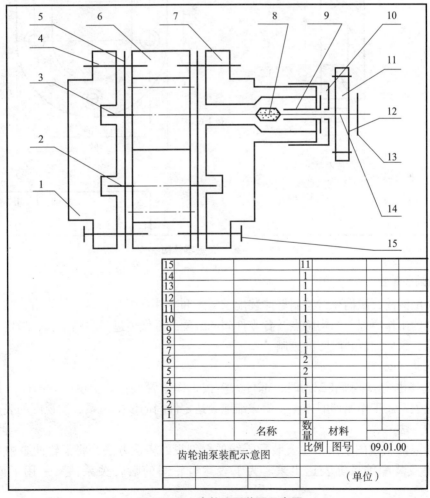

15			11		
14			1		
13			1		
12			1		
11			1		
10			1		
9			1		
8			1		
7			1		
6			2		
5			2		
4			1		
3			1		
2			1		
1			1		
	名称	数量	材料		
齿轮油泵装配示意图		比例	图号	09.01.00	
				(单位)	

图 15-19　齿轮油泵装配示意图

3. 画零件草图

部件中所有的非标准件均要画零件草图。按照在零件图章节所学习的零件草图的绘制方法，我们可以画出齿轮油泵的所有零件的零件草图。图 15 – 20 是根据泵盖的零件草图绘制的零件图。

4. 画装配图

根据绘制好的画装配示意图和零件草图，我们即可绘出装配图。装配图绘制的详细步骤如下。

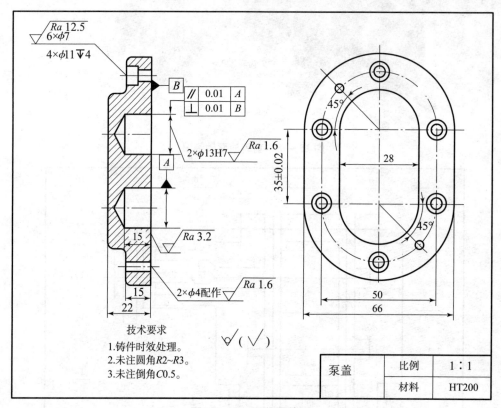

图 15 – 20　泵盖零件图

（二）画装配图

绘制装配图前，我们要将绘制好的装配示意图和零件草图等资料进行分析、整理，对所要绘制部件的工作原理、结构特点及各零件间的装配关系做更进一步的了解，拟定表达方案和绘图步骤，最后完成装配图的绘制。

1. 拟定表达方案

（1）选择主视图。画装配图时，部件大多按工作位置放置。主视图方向应选择反映部件主要装配关系及工作原理的方位，为详细地表达零件间的装配关系，主视图的表达方法多采用剖视的方法。

齿轮油泵的主视图采用沿主要装配干线的全剖视的表达方法，将齿轮油泵中主要零件的相互位置及装配关系等表达出来。为了表达齿轮间的啮合关系，又采用了两个局部剖视。

（2）选择其他视图。其他视图的选择以进一步准确、完整、简便地表达各零件间的结构形状及装配关系为原则，因此多采用局部剖、拆去某些零件后的视图、断面图等表达方法。

齿轮油泵在主视图采用全剖视的基础上，由于油泵结构对称，左视图采用沿结合面剖切的半剖视图，这样既清楚地表达了油泵的工作原理，同时也清楚地表明了连接泵盖和泵体的螺钉的分布情况及泵盖和泵体的内外结构。另外，为表达吸油口及安装孔的形状，左视图还采用了两个局部剖视。完整的表达方案如图 15-21 所示。

2. 装配图画图步骤

根据拟定的表达方案，按以下步骤绘制装配图。

（1）选比例、定图幅、布图。按照部件的复杂程度和表达方案，选取装配图的绘图比例和图纸幅面。布图时，要注意留出标注尺寸、编序号、明细栏和标题栏以及写技术要求的位置。在以上工作准备好后，即可画图框、标题栏、明细栏，画各视图的主要基准线。如图 15-21 所示。

（2）按装配关系依次绘制主要零件的投影。按齿轮油泵的主要装配干线由里往外逐个绘制主要零件的投影。如图 15-21 所示。

（3）绘制部件中的连接、密封等装置的投影。继续绘制详细的连接、密封等装置的投影。如图 15-21 所示。

（4）标注必要的尺寸、编序号、填写明细栏和标题栏，写技术要求。图 15-21 所示为最后完成的装配图。

二、读装配图的方法和步骤

以图 15-22 所示球阀为例说明读装配图的一般方法和步骤。

1. 概括了解

由标题栏、明细栏了解部件的名称、用途以及各组成零件的名称、数量、材料等，对于有些复杂的部件或机器还需查看说明书和有关技术资料。以便对部件或机器的工作原理和零件间的装配关系做深入的分析了解。

由图 15-21 的标题栏、明细栏可知，该图所表达的是管路附件——球阀，该阀共有十二种零件组成。球阀的主要作用是控制管路中流体的流通量。从其作用及技术要求可知，密封结构是该阀的关键部位。

2. 分析各视图及其所表达的内容

图 15-21 所示的球阀，共采用三个基本视图。主视图采用局部剖视图，主要反映该阀的组成、结构和工作原理。俯视图采用局部剖视图，主要反映阀盖和阀体以及扳手和阀杆的连接关系。左视图采用半剖视图，主要反映阀盖和阀体等零件的形状及阀盖和阀体间连接孔的位置和尺寸等。

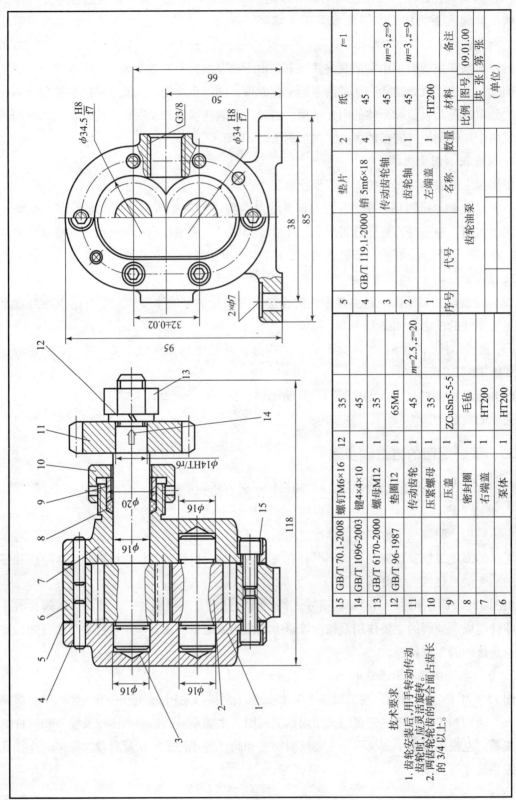

技术要求
1. 齿轮安装后,用手转动传动齿轮时,应灵活旋转。
2. 两齿轮齿的啮合面占齿长的 3/4 以上。

15	GB/T 70.1-2008	螺钉M6×16	12	35	
14	GB/T 1096-2003	键4×4×10	1	45	
13	GB/T 6170-2000	螺母M12	1	35	
12	GB/T 96-1987	垫圈12	1	65Mn	
11		传动齿轮	1	45	m=2.5,z=20
10		压紧螺母	1	35	
9		压盖	1	ZCuSn5-5-5	
8		密封圈	1	毛毡	
7		右端盖	1	HT200	
6		泵体	1	HT200	
5		垫片	2	纸	t=1
4	GB/T 119.1-2000	销 5m6×18	4	45	
3		传动齿轮轴	1	45	m=3,z=9
2		齿轮轴	1	45	m=3,z=9
1		左端盖	1	HT200	
序号	代号	名称	数量	材料	备注
		齿轮油泵		比例 图号	09.01.00
					共 张 第 张
					(单位)

图 15-21 标注必要的尺寸、编写序号、填写明细栏和标题栏,写技术要求

· 200 ·

3. 弄懂工作原理和零件间的装配关系

图 15 – 22 所示球阀，有两条装配线。从主视图看，一条是水平方向，另一条是垂直方向。其装配关系是：阀盖和阀体用四个双头螺柱和螺母连接，并用合适的调整垫调节阀芯与密封圈之间的松紧程度。阀体垂直方向上装配有阀杆，阀杆下部的凸块嵌入到阀芯上的凹槽内。为防止流体泄漏，在此处装有填料垫、填料、并旋入填料压紧套将填料压紧。

球阀的工作原理：扳手在主视图中的位置时，阀门为全部开启，管路中流体的流通量最大。当扳手顺时针旋转到俯视图中双点画线所示的位置时，阀门为全部关闭，管路中流体的流通量为零。当扳手处在这两个极限位置之间时，管路中流体的流通量随扳手的位置而改变。

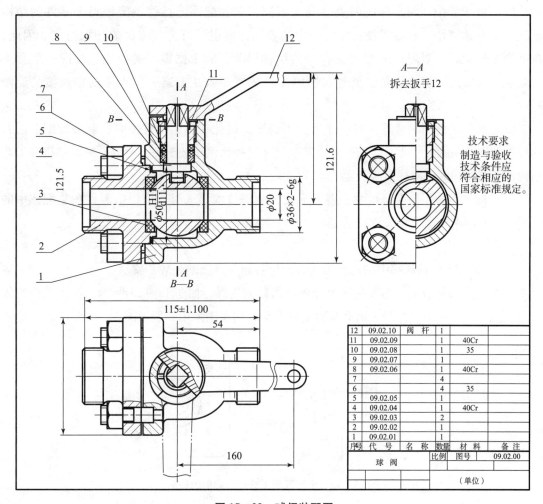

图 15 – 22　球阀装配图

4. 分析零件的结构形状

在弄懂部件工作原理和零件间的装配关系后，分析零件的结构形状，可有助于进一步了解部件结构特点。

分析某一零件的结构形状时，首先要在装配图中找出反映该零件形状特征的投影轮廓。接着可按视图间的投影关系、同一零件在各剖视图中的剖面线方向、间隔必须一致的画法规定，将该零件的相应投影从装配图中分离出来。然后根据分离出的投影，按形体分析和结构分析的方法，弄清零件的结构形状。

三、由装配图拆画零件图

在设计过程中，需要由装配图拆画零件图，简称拆图。拆图应在全面读懂装配图的基础上进行。

1. 拆画零件图时要注意的三个问题

（1）由于装配图与零件图的表达要求不同，在装配图上往往不能把每个零件的结构形状完全表达清楚，有的零件在装配图中的表达方案也不符合该零件的结构特点。因此，在拆画零件图时，对那些未能表达完全的结构形状，应根据零件的作用、装配关系和工艺要求予以确定并表达清楚。此外对所画零件的视图表达方案一般不应简单地按装配图照抄。

（2）由于装配图上对零件的尺寸标注不完全，因此在拆画零件图时，除装配图上已有的与该零件有关的尺寸要直接照搬外，其余尺寸可按比例从装配图上量取。标准结构和工艺结构，可查阅相关国家标准来确定。

（3）标注表面粗糙度、尺寸公差、形位公差等技术要求时，应根据零件在装配体中的作用，参考同类产品及相关资料确定。

2. 拆图实例

以图 15-23 所示球阀中的阀盖为例，介绍拆画零件图的一般步骤。

（1）确定表达方案。由装配图上分离出阀盖的轮廓，如图 15-23 所示。根据端盖类零件的表达特点，决定主视图采用沿对称面的全剖，侧视图采用一般视图。

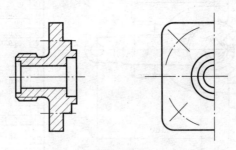

图 15-23 由装配图上分离出阀盖的轮廓

（2）尺寸标注。对于装配图上已有的与该零件有关的尺寸要直接照搬，其余尺寸可按比例从装配图上量取。标准结构和工艺结构，可查阅相关国家标准确定，标注阀盖的尺寸。

（3）技术要求标注。根据阀盖在装配体中的作用，参考同类产品的有关资料，标注表面粗糙度、尺寸公差、形位公差等，并注写技术要求。

（4）填写标题栏，核对检查，完成后的全图如图 15-24 所示。

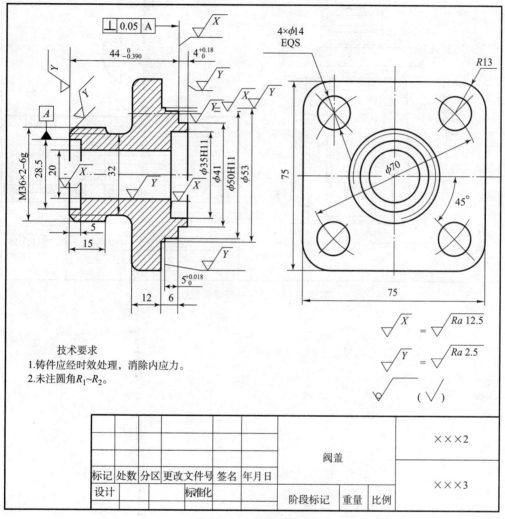

图 15-24　阀盖零件图

任务评价

可采用学生互评与教师点评相结合。学生拆装部件是否积极，测量尺寸是否认真，零件草图是否认真，装配图方案是否合理，尺寸标注是否正确，技术要求是否合理，作图是否认真，序号及明细栏填写是否正确，图线是否正确，图面是否整洁。

实作练习

识读习题图 15 – 25 所示千斤顶装配图。

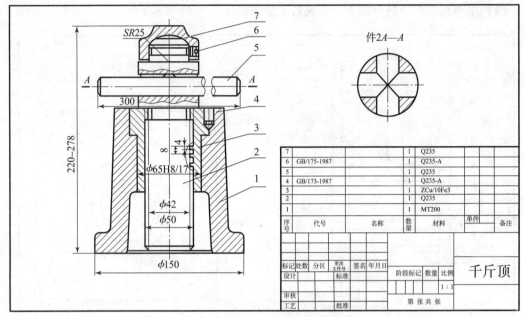

习题图 **15 – 25** 千斤顶装配图

任务十六　绘制与识读电梯装配图

电梯零部件相对一般机械零件有特殊点，对于从事电梯行业的技术人员，掌握电梯的零件图、装配图是应具备的专业技能。

学习目标

综合运用所学的机械制图知识，进一步掌握装配图的绘制与识读方法，能读懂中等复杂的电梯装配图。

任务设计、实施

图 16 - 1 所示为电梯的结构图。

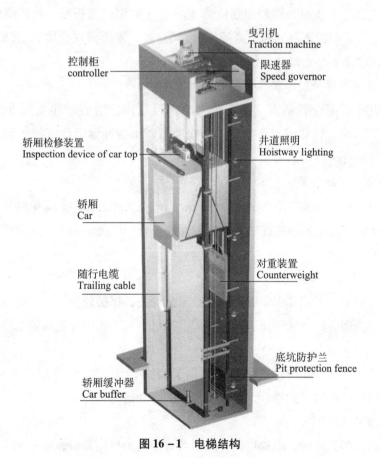

图 16 - 1　电梯结构

一、电梯的基本结构

（1）机房部分：包括曳引机、限速器、电磁制动器。

（2）控制柜部分：总电源、控制电源、PLC 可编程控制器、变频器、接线板等设备。

（3）井道部分：包括导轨、对重装置、缓冲器、限速器钢丝绳张紧装置、极限开关、平层感应器、随行电缆等。

（4）厅门部分：包括厅门、召唤按钮厢、楼层显示装置等。

（5）轿厢部分：包括轿厢、安全钳、导靴、自动开门机、平层装置、操纵厢、轿厢内指导灯、轿厢照明等。

二、电梯机械装置基本功能

1. 超速安全保护系统

当电梯发生意外事故时，轿厢超速或高速下滑（如钢丝绳折断，轿顶滑轮脱离，曳引机蜗轮蜗杆合失灵，电机下降转速过高等原因）。这时，限速器就会紧急制动，通过安全钢索及连杆机构，带动安全钳动作，使轿厢卡在导轨上而不会下落。

2. 轿厢、对重用弹簧缓冲装置

缓冲器是电梯极限位置的安全装置，当电梯因故障，造成轿厢或对重蹲底或冲顶时（极限开关保护失效），轿厢或对重撞击弹簧缓冲器，由缓冲器吸收电梯的能量，从而使轿厢或对重安全减速直至停止。

3. 门安全触板保护装置

在轿厢门的边沿上，装有活动的安全触板。当门在关闭过程中，安全触板与乘客或障碍物相接触时，通过与安全触板相连的联杆，触及装在轿厢门上的微动开关动作，使门重新打开，避免事故发生。

4. 上、下极限及限位开关

在电梯井道的上、下端部安装极限开关及限位开关，保护轿厢不超出此范围，如果超出上限位或下限位，则电机自动停止，不再工作，超出上、下极限电梯掉电停止。

5. 厅门自动闭合装置

电梯层门的开与关，是通过装在轿门上的门刀片来实现的。每个层门都装有一把门锁。层门关闭后，门锁的机械锁钩啮合，此时电梯才能启动运行。

6. 层门连锁开关

当所有层的门都关闭时，电梯可以升降，若有一层的层门开着，电梯则不能运行。

7. 终端极限开关安全保护系统

在电梯井道的顶层及底层装有终端极限开关。当电梯因故障失控，轿厢发生冲顶或蹲底时，终端极限开关动作，发出报警信号并切断控制电路，使轿厢停止运行。

三、电梯各部件装配图识读

限速器工作原理：限速器按其动作原理可分为摆锤式和离心式两种。下摆锤式限速器是利用绳轮上的凸轮在旋转过程中与摆锤一端的滚轮接触，摆锤摆动的频率与绳轮的转速有关，当摆锤的振动频率超过一预定值时，摆锤的棘爪进入绳轮的止停爪内，从而使限速器停止运转。离心式结构的限速器又可分为垂直轴转动型和水平轴转动型两种。此限速器的离心力作用在甩块上，当轿厢超速时，甩块使超速开关动作并带动碰闩使碰闩把夹绳的棘爪松开。特点是结构简单，可靠性高，安装所需空间小。电梯限速器，如图16-2 所示。

图 16-2　电梯限速器

任务评价

采用学生提问、教师与学生互动的教学方式，教师引导与学生自评、互评相结合。评价内容：参与活动是否积极，是否勤于思考，绘制识别零件图是否到位。

实作练习

识读图16-3～图16-9，分别看懂电梯每个部件装配图的绘图比例，技术要求，工作原理，装配连接关系。

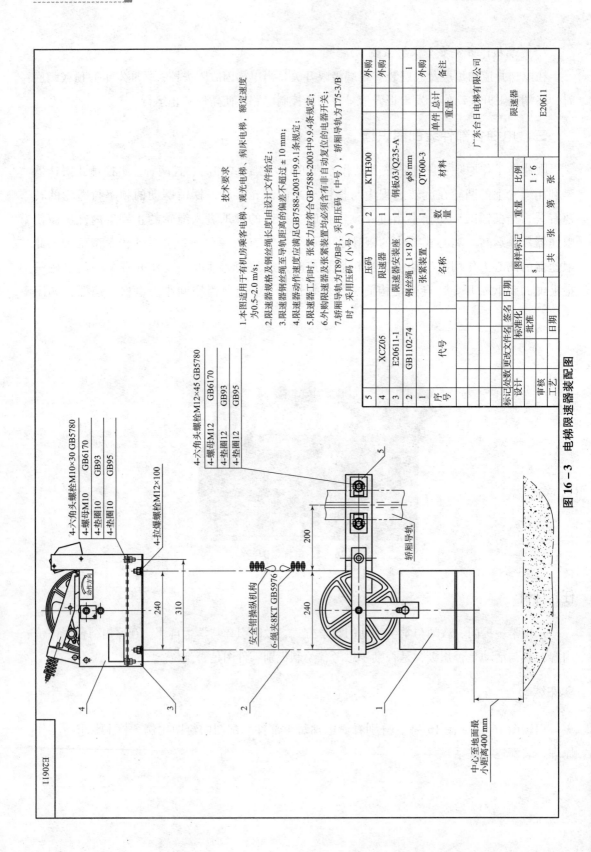

图 16 – 3 电梯限速器装配图

技术要求

1. 本图适用于有机房乘客电梯、观光电梯、病床电梯，额定速度为0.5~2.0 m/s；
2. 限速器规格及钢丝绳长度由设计文件给定；
3. 限速器钢丝绳至导轨距离的偏差不超过±10 mm；
4. 限速器动作速度应满足GB7588-2003中9.1条规定；
5. 限速器工作时，张紧力应符合GB7588-2003中9.9.4条规定；
6. 外购限速器及张紧装置均必须含有非自动复位的电器开关；
7. 轿厢导轨用为T89/B时，采用压码（中号），轿厢导轨为T75-3/B时，采用压码（小号）。

5	XCZ05		压码	2	KTH300					外购
4	E20611-1		限速器	1						外购
3			限速器安装座	1	钢板δ3/Q235-A					
2	GB1102-74		钢丝绳（1×19）	1	φ8 mm					1
1			张紧装置	1	QT600-3					外购
序号	代号		名称	数量	材料		单件	总计		备注
							重量			
标记	处数	更改文件名	签名	日期				广东台日电梯有限公司		
设计		标准化			图样标记	重量	比例			
审核		批准						限速器		
工艺			日期		s		1：6			
					共 张	第 张		E20611		

4-六角头螺栓M10×30 GB5780
4-螺母M10   GB6170
4-垫圈10   GB93
4-垫圈10   GB95

4-六角头螺栓M12×45 GB5780
4-螺母M12   GB6170
4-垫圈12   GB93
4-垫圈12   GB95

4-拉爆螺栓M12×100

安全钳操纵机构
6-绳夹8KT GB5976

轿厢导轨

240
310
200
240

中心至地面最小距离400 mm

E20611

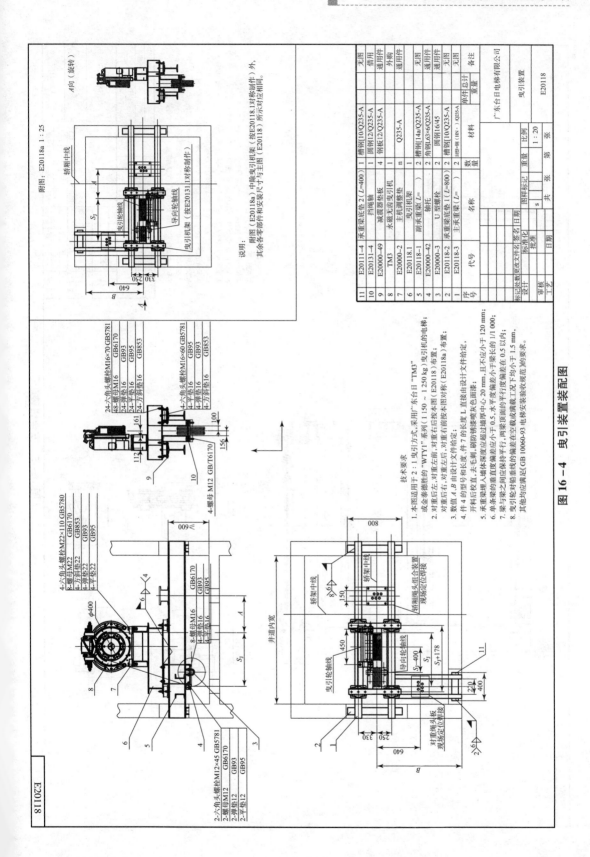

图 16 - 4　曳引装置装配图

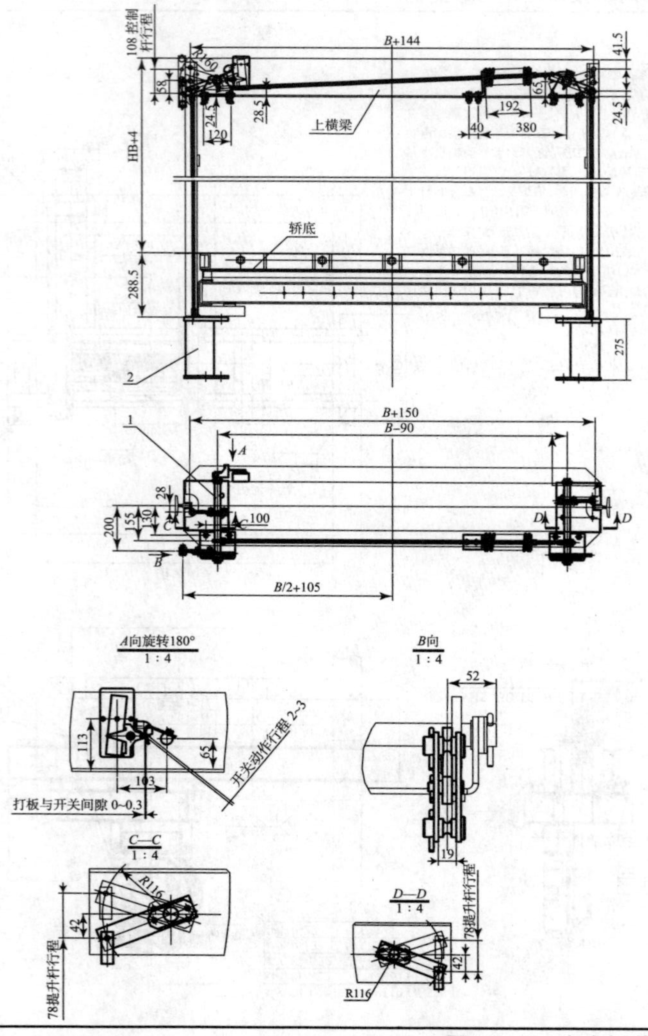

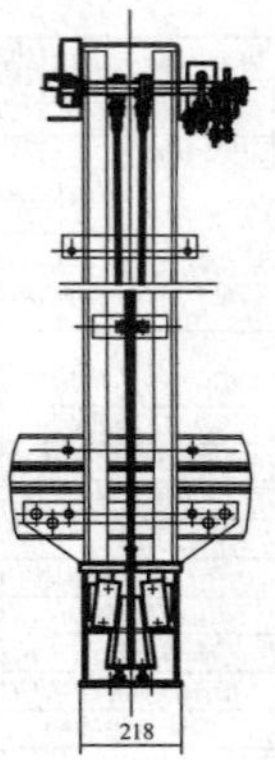

图 16－5 安全钳装配图

技术要求

1. 本图适用于井道全高在 80 米以下，此时的提拉力 P＝348±10 N。
2. 限速器钢丝绳离轿厢 73 mm，离轿架中心 200 mm。
3. 本图适用于限速器 XSQ115-13，安全钳体 QJ102。
4. 本图除纵向机构部分（图中除去安全钳提拉杆、安全钳、拉杆压码部分）组装在轿架底梁上；其余部分为立柱组装，并调整出厂。
5. 安全钳提拉杆动作时，应保证两个安全钳的模块同时动作。楔紧导轨。
6. 安全钳楔块和导轨之间在不制停时要保持 2~3 mm 的间隙。
7. B 表示轿厢内宽，HB 表示电梯安全梁的距离，由设计文件给定。

组装及安装注意：
非安装拉侧的调整螺栓在现场安装确认后拆除。

代号	名称	数量	材料	单件 总计	备注
				重 量	
2	E20711.2	安全钳	1		外购件
1	E20711.1	安全装置纵机构	1		外购件
序号	代号	名称	数量	材料	单件 总计 备注

广东台日电梯有限公司

安全钳装配

E20711

标记 处数 更改文件名 签名 日期					
设计		标准化		图样标记	重量 比例
				s	1 : 12
审核		批准		第 张	共 张
工艺		日期			

E20711

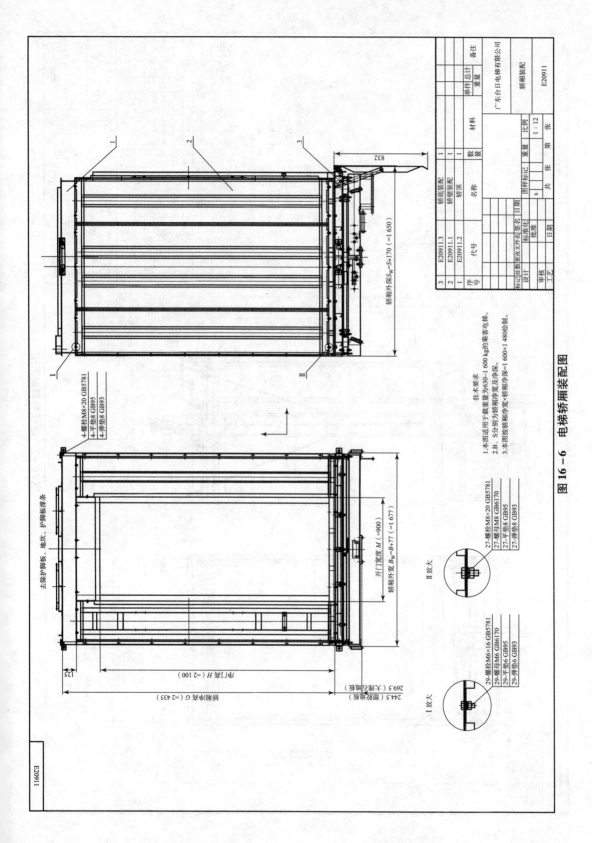

图 16 - 6 电梯轿厢装配图

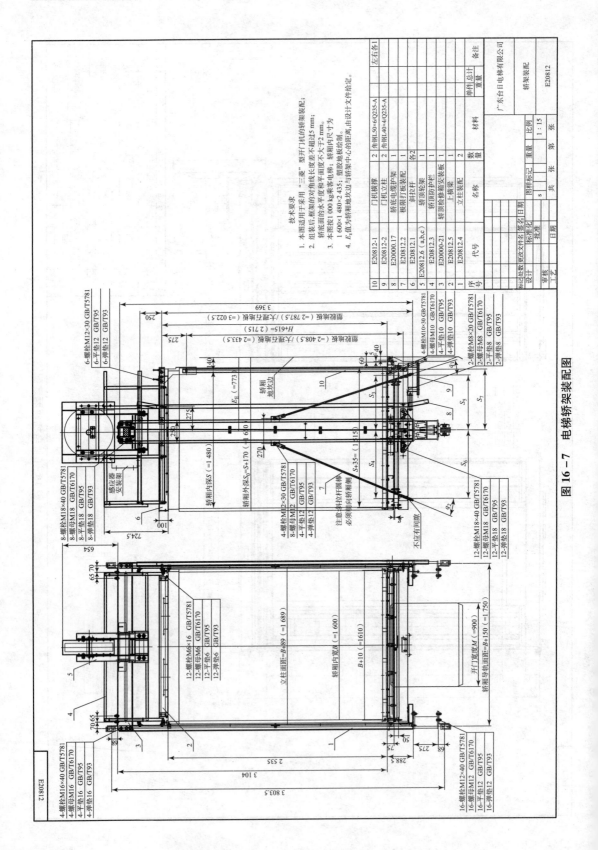

图 16 - 7 电梯轿架装配图

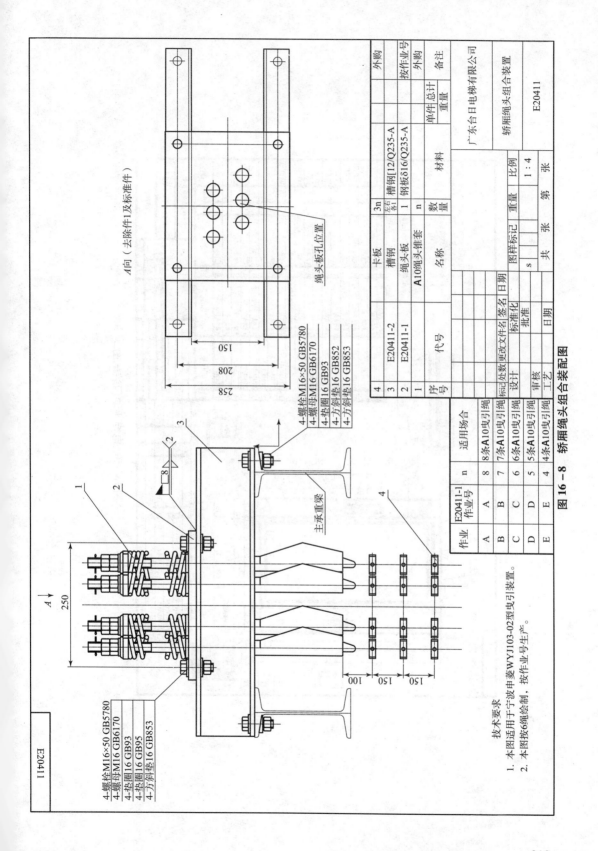

图 16-8　轿厢绳头组合装配图

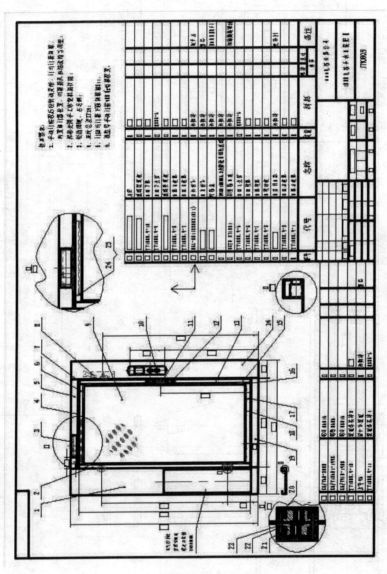

图 16-9　电梯手动门装配图

学习情境六

识读电梯土建布置图

电梯土建布置图是建筑设计、施工及电梯安装人员必需的技术资料。土建图包括井道平面图、井道纵剖面图、机房平面图、井道和机房的混凝土预留孔图等。在图上还应标明电梯的基本电源要求及注意事项。

任务十七 识读电梯土建布置图

学习目标

能利用所学知识正确识读电梯井道纵剖面图、横剖面图等电梯土建布置图。电梯三维图如图 17-1 所示。

图 17-1 电梯三维图

任务设计、实施

图 17-2 是电梯的土建布置图，正确识读并了解图中表达的相关内容。

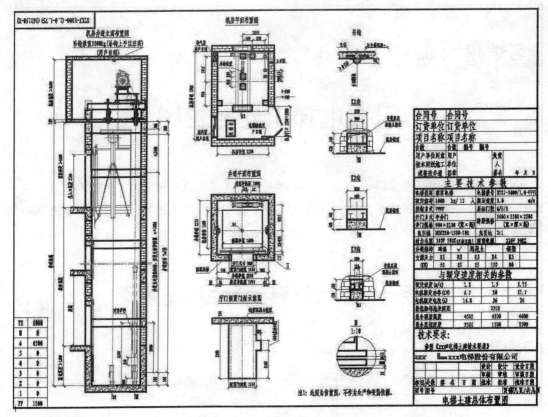

图 17-2 电梯土建布置图

相关知识

一、电梯与建筑物的关系

如图 17-3 所示，电梯是固定的建筑设备，与建筑物有密切的关系。（电梯的机房、井道、层门入口、导轨的固定等设置方式和连接方法）

图 17-3 电梯与建筑物的关系

电梯设计者总希望电梯的井道和机房的尺寸能够采用标准化系列，这样给建筑物的设计者提出要求。电梯生产厂家根据本厂产品的特点，都有各自的土建布置图。对于非标的电梯，则要提出更为详细的土建要求资料。

二、电梯井道

井道：轿厢和对重装置运行的空间。
顶板：井道顶部的隔层板。
底坑：底层站以下的井道空间。
井道宽度：平行于轿厢宽度方向井道壁内表面之间的水平距离。

井道深度：垂直于井道宽度方向井道壁内表面之间的水平距离。

轿厢宽度：平行于轿厢入口宽度的方向，在距轿厢底 1 m 高处测得的轿厢壁两个内表面之间的水平距离，应符合我国《电梯主参数及轿厢、井道、机房的形式与尺寸》（GB/T 7025.3—1997）的规定。

井道平面布置图如图 17 - 4 所示。

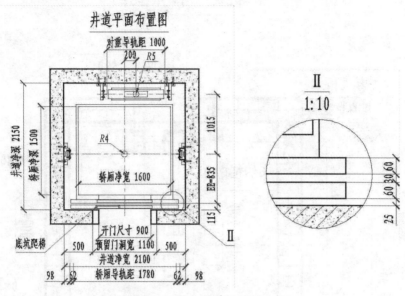

图 17 - 4 井道平面布置图

从图 17 - 4 中可以看出井道净宽 2 100 mm，净深 2 150 mm。轿厢净宽 1 600 mm，净深 1 500 mm。预留门洞宽 1 100 mm，开门尺寸为 900 mm，轿厢导轨距 1 780 mm，对重机构后置，导轨距 1 000 mm，导轨中心到轿厢中心 1 015 mm，地坎间距为 30 mm。

三、电梯机房

如图 17 - 5 所示。

图 17 - 5 电梯机房

机房：安装一台或多台曳引机及其附属设备的专用房间。

机房高度：机房地面到机房顶板之间的最小垂直距离。

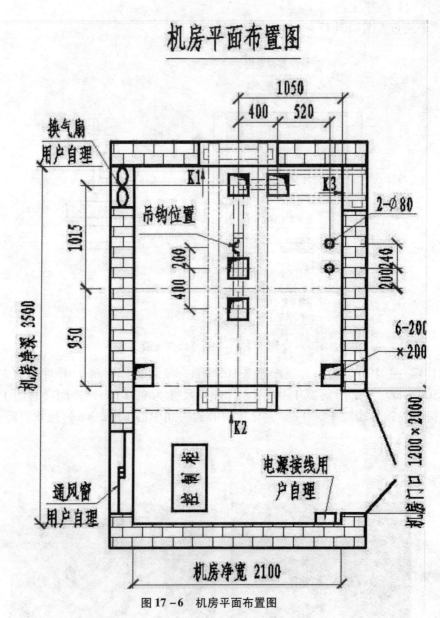

机房平面布置图

图 17-6　机房平面布置图

　　从上图 17-6 可以看出机房净宽 2 100 mm，净深 3 500 mm。

　　从图 17-7 可看出机房高度≥2 400 mm，顶层高度≥4 500 mm 出入口高度 2 100 mm，底坑深度≥1 500 mm。

　　从图 17-8 可看出预留门洞宽 1 100 mm，高 2 200 mm。

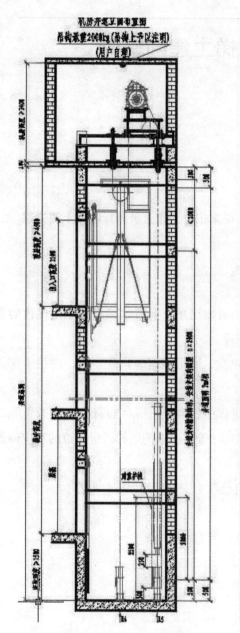

图 17－7　机房井道立面图

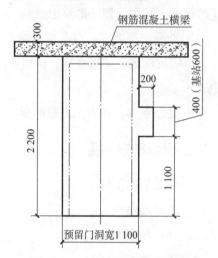

图 17－8　厅门预留门洞示意图

任务十八 电梯土建勘察

学习目标

能利用所学知识进行正确的电梯土建勘察。

任务设计实施及相关知识

有一电梯有限公司接到一批电梯生产任务，现派相关工作人员进行电梯土建勘察。

电梯土建勘察的步骤：

一、准备工作

（1）熟悉专用土建图：根据客户的要求，填写出图单，向技术部索取专门设计的客户专用土建图，并看图熟悉，必要时与设计人员沟通。

（2）熟悉标准土建图：若还未设计专用土建图，则可根据客户的要求，向技术部索取相应的标准土建图，便于勘察记录。

（3）勘察记录要求：在电梯机房井道勘察过程中，需对机房（如有）尺寸及留孔、井道尺寸、底坑深度、楼层高度、顶层净高、门洞尺寸等在所带的电梯机房井道的对应位置进行记录。

（4）安全勘察：在投入勘察时要特别提醒自己注意安全，确保安全勘察！

二、现场勘察测量

（1）相关情况了解。

（2）机房勘察测量。

（3）井道勘察测量。

三、书面反馈

根据测量及记录填写地盘检查报告表，如表 18 - 1 所示。

电梯楼号：

表18-1 地盘检查报告表

地盘检查报告表（垂直梯）　　＊＊电梯股份有限公司

用户名称		合同号		出厂编号	
地址		联系人			
电梯型号		电话			

检查的内容：□现场实测的数据　□甲方提供蓝图数据

	预埋件情况	□有　□无	其他需注意的特殊情况
层/站门	承重梁情况	□有　□无	1. 土建预计完成时间：___年___月___日；
开门宽度	机房预留孔情况	□有　□无	检查时土建进度情况：_____；
开门方式	召唤箱位置	□1台1个　□	2. 电梯发货进场货道通行情况（能通行
井道尺寸 mm		□2台共用	多长的货车：_____；
机房尺寸 mm			3. 若电梯井道结构为砖墙管架结构时，根
安全门	□有　□无		据现场实际情况共需___挡导轨支撑点，
底坑悬空	□有　□无		其中使用预埋件或穿墙螺杆固定导轨支撑
井道结构			点___挡，使用专用拉爆固定导轨支撑
			___点___挡；4.当电梯开门为对通门结构时：主门服务
		mm	楼层为：_____，开门方式为：_____；
			开门___门，副门服务楼层为：____开门。
			5. 其他补充如下：

机房平面补充图（注意：需标明在机房平面的梁所在位置）：

□按此地盘报告数据发货
□待确认数据后发货

甲方签字/日期：
检查人/日期：
审核人/日期：
市场部/日期：
技术部/日期：

注：1. 表格一式三份，市场部、技术部、工程部各一份。2. 凭现场实际地盘数据发货，由安装部在发货前15天确认并填写此表。

附　　录

附录 1　螺纹

附表 1-1　普通螺纹直径与螺距系列（GB/T 193—2003）、基本尺寸（GB/T 196—2003）摘编　单位：mm

公称直径 D，d		螺距 P		粗牙中径	粗牙小径
第一系列	第二系列	粗牙	细牙	D_2，d_2	D_1，d_1
3		0.5	0.35	2.675	2.459
	3.5	(0.6)		3.110	2.850
4		0.7		3.545	3.245
	4.5	(0.75)	0.5	4.013	3.688
5		0.8		4.480	4.134
6		1	0.75 (0.5)	5.350	4.917
8		1.25	1，0.75，(0.5)	7.188	6.647
10		1.5	1.25，1，0.75，	9.026	8.376
12		1.75	1.5，1.25，1，(0.75)，(0.5)	10.863	10.106
	14	2	1.5，(1.25)＊，1，(0.75)，(0.5)	12.701	11.835
16		2	1.5，1，(0.75)，(0.5)	14.701	13.835
	18	2.5	2，1.5，1 (0.75)，(0.5)	16.376	15.294
16		2		18.376	17.294
	22	2.5	2，1.5，1 (0.75)，(0.5)	20.376	19.294
24		3	2，1.5，1，(0.75)	22.051	20.752
	27	3	2，1.5，1，(0.75)	25.051	23.752
30		3.5	(3)，2，1.5，1，(0.75)	27.727	26.211
	33	3.5	(3)，2，1.5，(1)，(0.75)	30.727	29.211
36		4	3，2，1.5，(1)	33.402	31.670
	39	4		36.402	34.670
42		4.5		39.077	37.129
	45	4.5	(4)，3，2，1.5，(1)	42.077	40.129
48		5		44.752	42.587
	52	5		48.752	46.587
56		5.5		52.428	50.046
	60	(5.5)	4，3，2，1.5，(1)	56.428	54.046
64		6		60.103	57.505
	68	6		64.103	61.505

注：1. 公称直径优先选用第一系列，第三系列未列入。括号内的螺距尽可能不用；

　　2. M14×1.25 仅用于火花塞

附表 1 − 2　普通螺纹直径与螺距，基本尺寸（GB/T 193—2003 和 GB/T 196—2003） 单位：mm

标记示例：

公称直径 24 mm，螺距 3 mm，右旋粗牙普通螺纹，其标记为：M24

公称直径 24 mm，螺距 1.5 mm，左旋细牙普通螺纹，公差带代号 7H，其标记为：M24×1.5—LH

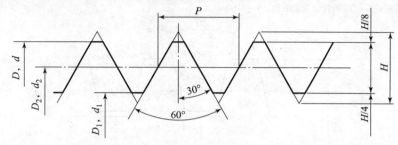

公称直径 D, d		螺距 P		粗牙小径	公称直径 D, d		螺距 P		粗牙小径
第一系列	第二系列	粗牙	细牙	D_1, d_1	第一系列	第二系列	粗牙	细牙	D_1, d_1
3		0.5	0.35	2.459	16		2	1.5, 1	13.835
4		0.7	0.5	3.242		18			15.294
5		0.8		4.134	20		2.5	2, 1.5, 1	17.294
6		1	0.75	4.917		22			19.294
8		1.25	1, 0.75	6.647	24		3	2, 1.5, 1	20.752
10		1.5	1.25, 1, 0.75	8.376	30		3.5	(3), 2, 1.5, 1	26.211
12		1.17	1.25, 11.5,	10.106	36		4	3, 2, 1.5	31.670
	14	2	1.25*, 1	11.835		39			34.670

注：应优先选用第一系列，括号内尺寸尽可能不用，带*号仅用于火花塞。

附表 1－3　梯形螺纹基本尺寸（GB/T 5796.3—2005）摘编　　单位：mm

标记示例：

公称直径 28 mm、螺距 5 mm、中径公差代号 7H 的单线右旋梯形螺纹，其标记为：Tr28×5－7H

公称直径 28 mm、导程 10 mm、螺距 5 mm、中径公差带代号为 8e 的双线左旋梯形螺纹，其标记为：Tr28×10（p5）LH－8e

内外螺纹旋合所组成的螺纹副的标记为：Tr24×8－7H/8e

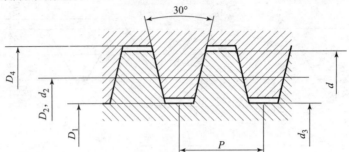

公称直径		螺距 P	中径	大径	小径		公称直径		螺距 P	中径	大径	小径	
第一系列	第二系列		$d_2 = D_2$	D_4	d_3	D_1	第一系列	第二系列		$d_2 = D_2$	D_4	d_3	D_1
8		1.5	7.25	8.3	6.2	6.5			3	24.5	26.5	22.59	23
	9	1.5	8.25	9.3	7.2	7.5		26	5	23.5	26.5	20.5	21
		2	8	9.5	6.5	7			8	22	27	17	18
10		1.5	9.25	10.3	8.2	8.5	28		3	26.5	28.5	24.5	25
		2	9	10.5	7.5	8			5	25.5	28.5	22.5	23
	11	2	10	11.5	8.5	9			8	24	29	19	20
		3	9.5	11.5	7.5	8		30	3	28.5	30.5	26.5	27
12		2	11	12.5	9.5	10			6	27	31	23	24
		3	10.5	12.5	8.5	9			10	25	31	19	20
	14	2	13	14.5	11.5	12	32		3	30.5	32.5	28.5	29
		3	12.5	14.5	11.5	12			6	29	33	25	26
16		2	15	16.5	13.5	14			10	27	33	21	22
		4	14	16.5	11.5	12			3	32.5	34.5	30.5	31
	18	2	17	18.5	15.5	16		34	6	31	35	27	28
		4	16	18.5	13.5	14			10	27	33	21	22
20		2	19	20.5	17.5	18			3	34.5	36.5	32.5	33
		4	18	20.5	15.5	16	36		6	33	37	29	30
	22	3	20.5	22.5	18.5	19			10	31	37	25	26
		5	19.5	22.5	16.5	17			3	36.5	38.5	34.5	35
		8	18	23	13	14		38	7	34.5	39	30	31
24		3	22.5	24.5	20.5	21			10	33	39	27	28
		5	21.5	24.5	18.5	19			3	38.5	40.5	36.5	37
		8	20	25	15	16	40		7	36.5	41	32	33
									10	35	41	29	30

附表 1 - 4　55°密封管螺纹　第 1 部分　圆柱内螺纹与圆锥外螺纹（GB/T 7306.1—2000）摘编

第 2 部分　圆锥内螺纹与圆锥外螺纹（GB/T 7306.2—2000）摘编　单位：mm

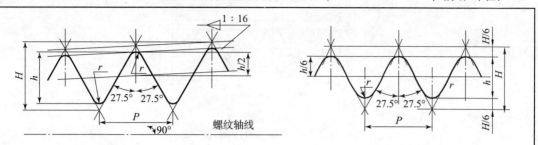

圆锥螺纹的设计牙型　　　　　　　　　　　　　　圆柱内螺纹的设计牙型

标记示例：

GB/T 7306.1—2000

尺寸代号 3/4，右旋，圆柱内螺纹：R_p 3/4

尺寸代号 3，右旋，圆锥外螺纹：R_1 3

尺寸代号 3/4，左旋，圆柱内螺纹：Rp 3/4 LH

右旋圆锥外螺纹、圆柱内螺纹副：Rp/R_1 3

GB/T 7306.2—2000

尺寸代号 3/4，右旋，圆锥内螺纹：R_c 3/4

尺寸代号 3，右旋，圆锥外螺纹：R_2 3

尺寸代号 3/4，左旋，圆锥内螺纹：R_c 3/4 LH

右旋圆锥内螺纹、圆锥外螺纹螺纹副：R_c/R_2 3

尺寸代号	每 25.4 mm 内所含的牙数 n	螺距 P/mm	牙高 h/mm	基准平面内的基本直径			基准距离（基本）/mm	外螺纹的有效螺纹不小于/mm
				大径（基准直径）$d=D$/mm	中径 $d_2=D_2$/mm	小径 $d_1=D_1$/mm		
1/16	28	0.907	0.581	7.723	7.142	6.561	4	6.5
1/8	28	0.907	0.581	9.728	9.147	8.556	4	6.5
1/4	19	1.337	0.856	13.157	12.301	11.445	6	9.7
3/8	19	1.337	0.856	16.662	15.806	14.950	6.4	10.1
1/2	14	1.841	1.162	20.955	19.793	18.631	8.2	13.2
3/4	14	1.841	1.162	26.441	25.279	24.117	9.5	14.5
1	11	2.309	1.479	33.249	31.770	30.291	10.4	16.8
1 1/4	11	2.309	1.479	41.910	40.431	38.952	12.7	19.1
1 1/2	11	2.309	1.479	47.803	46.324	44.845	12.7	19.1
2	11	2.309	1.479	59.614	58.135	56.656	15.9	23.4
2 1/2	11	2.309	1.479	75.184	73.705	72.226	17.5	26.7
3	11	2.309	1.479	87.884	86.405	84.926	20.6	29.8
4	11	2.309	1.479	113.030	111.551	110.072	25.4	35.8
5	11	2.309	1.479	138.430	136.951	135.472	28.6	40.1
6	11	2.309	1.479	163.80	162.351	160.872	28.6	40.1

附表 1－5 55°非密封管螺纹（GB/T 7307—2001）摘编

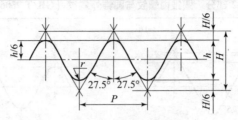

标记示例：

尺寸代号2，右旋，圆柱内螺纹：G 2

尺寸代号3，右旋，A 级圆柱外螺纹：G 3 A

尺寸代号2，左旋，圆柱内螺纹：G 2 LH

尺寸代号4，左旋，B 级圆柱外螺纹：G 4 B－LH

附表 1－5   单位：mm

尺寸代号	每25.4 mm 内所含的牙数 n	螺距 P/mm	牙高 h/mm	基准平面内的基本直径		
				大径（基准直径）$d = D$/mm	中径 $d_2 = D_2$/mm	小径 $d_1 = D_1$/mm
1/16	28	0.907	0.581	7.723	7.142	6.561
1/8	28	0.907	0.581	9.728	9.147	8.566
1/4	19	1.337	0.856	13.157	12.301	11.445
3/8	19	1.337	0.856	16.662	15.806	14.950
1/2	14	1.841	1.162	20.955	19.793	18.631
3/4	14	1.841	1.162	26.441	25.279	24.117
1	11	2.309	1.479	33.249	31.770	30.291
$1\frac{1}{4}$	11	2.309	1.479	41.910	40.431	38.952
$1\frac{1}{2}$	11	2.309	1.479	47.803	46.324	44.845
2	11	2.309	1.479	59.614	58.135	56.656
$2\frac{1}{2}$	11	2.309	1.479	75.184	73.705	72.226
3	11	2.309	1.479	87.884	86.405	84.926
4	11	2.309	1.479	113.030	111.551	110.072
5	11	2.309	1.479	138.430	136.951	135.472
6	11	2.309	1.479	163.80	162.351	160.872

附录2 螺纹紧固件

附表 2-1 六角头螺栓（GB/T 5782—2016）摘编 　　　单位：mm

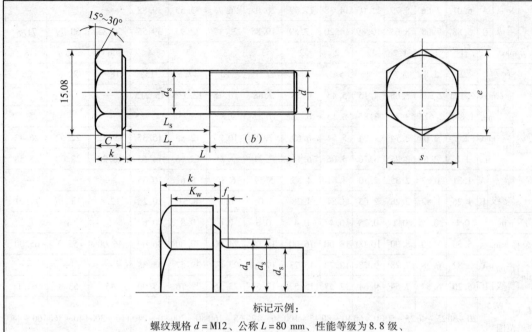

标记示例：

螺纹规格 d = M12、公称 L = 80 mm、性能等级为 8.8 级、

表面氧化、产品等级为 A 级的六角头螺栓：

螺栓 GB/T 5782 M12 × 80

单位：mm

螺纹规格 d			M3	M4	M5	M6	M8	M10	M12	M16	M20	M24	M30	M36	M42
螺距 P			0.5	0.7	0.8	1	1.25	1.5	1.75	2	2.5	3	3.5	4	4.5
b 参考	L公称 ≤125		12	14	16	18	22	26	30	38	46	54	66	—	—
	125< L 公称≤200		18	20	22	24	28	32	36	44	52	60	72	84	96
	L 公称 >200		31	33	35	37	41	45	49	57	65	73	85	97	109
C	max		0.40	0.40	0.50	0.50	0.60	0.60	0.60	0.8	0.8	0.8	0.8	0.8	1.0
	min		0.15	0.15	0.15	0.15	0.15	0.15	0.15	0.2	0.2	0.2	0.2	0.2	0.3
d_a	max		3.6	4.7	5.70	6.8	9.20	11.2	13.7	17.7	22.4	26.4	33.4	39.4	45.6
d_s min	公称 = max		3.00	4.00	5.00	6.00	8.00	10.00	12.00	16.00	20.00	24.00	30.00	36.00	42.00
	产品 等级	A	2.86	3.82	4.82	5.82	7.78	9.78	11.73	15.73	19.67	23.67	—	—	—
		B	2.75	3.70	4.70	5.70	7.64	9.64	11.57	15.57	19.48	23.48	29.48	35.38	41.38
d_w min	产品 等级	A	4.57	5.88	6.88	8.88	11.63	14.63	16.63	22.49	28.19	33.61	—	—	—
		B	4.45	5.74	6.74	8.74	11.47	14.47	16.47	22	27.7	33.25	42.75	51.11	59.95

螺纹规格 d			M3	M4	M5	M6	M8	M10	M12	M16	M20	M24	M30	M36	M42
螺距 P			0.5	0.7	0.8	1	1.25	1.5	1.75	2	2.5	3	3.5	4	4.5
e_{min}	产品	A	6.01	7.66	8.79	11.05	14.38	17.77	20.03	26.75	33.53	39.88	—	—	—
	等级	B	5.88	7.50	8.63	10.89	14.20	17.59	19.85	26.17	32.95	39.55	50.85	60.79	71.3
$L_f$max			1	1.2	1.2	1.4	2	2	3	3	4	4	6	6	8
k	公称 L		2	2.8	3.5	4	5.3	6.4	7.5	10	12.5	15	18.7	22.5	26
	产品 等级	A max	2.125	2.925	3.65	4.15	5.45	6.58	7.68	10.18	12.715	15.215	—	—	—
		A min	1.875	2.675	3.35	3.85	5.15	6.22	7.32	9.82	12.285	14.785	—	—	—
		B max	2.2	3.0	3.74	4.24	5.54	6.69	7.79	10.29	12.85	15.35	19.12	22.92	26.42
		B min	1.8	2.6	3.26	3.76	5.06	6.11	7.21	9.71	12.15	14.65	18.28	22.08	25.58
k_W min	产品 等级	A	1.31	1.87	2.35	2.70	3.61	4.35	5.12	6.87	8.6	10.35	—	—	—
		B	1.26	1.82	2.28	2.63	3.54	4.28	5.05	6.8	8.51	10.26	12.8	15.46	17.91
r min			0.1	0.2	0.2	0.25	0.4	0.4	0.6	0.6	0.8	0.8	1	1	1.2
s	公称 = max		5.50	7.00	8.00	10.00	13.00	16.00	18.00	24.00	30.00	36.00	46.00	55.0	65.00
	min 产品 等级	A	5.32	6.78	7.78	9.78	12.73	15.73	17.73	23.67	29.67	35.38	—	—	—
		B	5.20	6.64	7.64	9.64	12.57	15.57	17.57	23.16	29.16	35.00	45	53.8	63.1
L （产品 规格范围）			20~30	25~40	25~50	30~60	40~80	45~100	50~120	65~160	80~200	90~240	110~300	140~360	160~440
L （系列）			\multicolumn{13}{}{20、25、30、35、40、45、50、55、60、65、70、80、90、100、110、120、130、140、150、160、180、200、220、240、260、280、300、340、360、380、400、440、460、480}

注：l_g 与 l_s 表中未列出

附表 2 - 2　双头螺柱

单位：mm

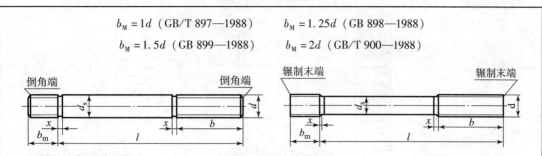

$b_\mathrm{M} = 1d$（GB/T 897—1988）　　　$b_\mathrm{M} = 1.25d$（GB 898—1988）

$b_\mathrm{M} = 1.5d$（GB 899—1988）　　　$b_\mathrm{M} = 2d$（GB/T 900—1988）

　　两端均为粗牙普通螺纹，$d = 10$ mm，$l = 50$ mm，性能等级为 4.8 级，不经表面处理，B 型，$b_\mathrm{m} = 1d$ 的双头螺柱：螺柱 GB/T 897—1988 M10×50 若为 A 型，则标记为：螺柱 GB/T 897—1988 AM10×50

　　旋入机件一端为粗牙普通螺纹，旋螺母一端为螺距 $P = 1$ mm 的细牙普通螺纹，$d = 10$ mm，$l = 50$ mm，性能等级为 4.8 级，不经表面处理，A 型，$b_\mathrm{m} = 1d$ 的双头螺柱标记为：螺柱 GB/T 897—1988 AM10 – M10×1×50

螺纹规格 d	b_m（公称）				l/b
	GB/T 897	GB 898—1988	GB 899—1988	GB/T 900—1988	
M2			3	4	$(12 \sim 16)/6$，$(20 \sim 25)/10$
M2.5			3.5	5	$16/8$，$(20 \sim 30)/11$
M3			4.5	6	$(16 \sim 20)/6$，$(25 \sim 40)/12$
M4			6	8	$(16 \sim 20)/8$，$(25 \sim 40)/14$
M5	5	6	8	10	$(16 \sim 20)/10$，$(25 \sim 50)/16$
M6	6	8	10	12	$20/10$，$(25 \sim 30)/14$，$(35 \sim 70)/18$
M8	8	10	12	16	$20/12$，$(25 \sim 30)/16$，$(35 \sim 90)/22$
M10	10	12	15	20	$25/14$，$(30 \sim 35)/16$，$(40 \sim 120)/26$，$130/32$
M12	12	15	18	24	$(25 \sim 30)/16$，$(35 \sim 40)/20$，$(45 \sim 120)/30$，$(130 \sim 180)/36$
M16	16	20	24	32	$(30 \sim 35)/20$，$(40 \sim 50)/30$，$(60 \sim 120)/38$，$(130 \sim 200)/44$
M20	20	25	30	40	$(35 \sim 40)/25$，$(45 \sim 60)/35$，$(70 \sim 120)/46$，$(130 \sim 200)/52$
M24	24	30	36	48	$(45 \sim 50)/30$，$(60 \sim 70)/45$，$(80 \sim 120)/54$，$(130 \sim 200)/60$
M30	30	38	45	60	$60/40$，$(70 \sim 90)/50$，$(100 \sim 200)/66$，$(130 \sim 200)/72$，$(210 \sim 250)/85$
M36	36	45	54	72	$70/45$，$(80 \sim 110)/160$，$120/78$，$(130 \sim 200)/84$，$(210 \sim 300)/97$
M42	42	52	63	84	$(70 \sim 80)/50$，$(90 \sim 110)/70$，$120/90$，$(130 \sim 200)/96$，$(210 \sim 300)/109$
M48	48	60	72	96	$(80 \sim 90)/60$，$(100 \sim 110)/80$，$120/102$，$(130 \sim 90)/108$，$(210 \sim 300)/121$
l（系列）	12，16，20，25，30，35，40，45，50，60，70，80，90，100，110，120，130，140，150，160，170，180，190，200，210，220，230，240，250，260，280，300				

附表 2 – 3 I 型六角螺母（GB/T 6170—2015）摘编

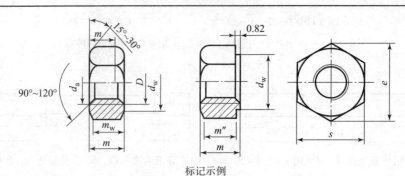

标记示例

螺纹规格 D = M12、性能等级为 8 级、表面氧化、不经表面处理、产品等级为 A 级的 I 型六角螺母的标记：

螺母 GB/T 6170—2015 M12

附表 2 – 3

单位：mm

螺纹规格 D		M2	M2. 5	M3	M4	M5	M6	M8	M10	M12
螺距 P		0.4	0.45	0.5	0.7	0.8	1	1.25	1.5	1.75
c max		0.20	0.30	0.40	0.40	0.50	0.50	0.60	0.60	0.60
d_a	max	2.30	2.90	3.45	4.60	5.75	6.75	8.75	10.80	13.00
	min	2.00	2.50	3.00	4.00	5.00	6.00	8.00	10.00	12.00
d_w min		3.10	4.10	4.60	5.90	6.90	8.90	11.60	14.60	16.60
e min		4.32	5.45	6.01	7.66	8.79	11.05	14.38	17.77	20.03
m	max	1.60	2.00	2.40	3.20	4.70	5.20	6.80	8.40	10.80
	min	1.35	1.75	2.15	2.90	4.40	4.90	6.44	8.04	10.37
m_w min		1.10	1.40	1.70	2.30	3.50	3.90	5.20	6.40	8.30
s	公称 = max	4.00	5.00	5.50	7.00	8.00	10.0	13.00	16.00	18.00
	min	3.82	4.82	5.32	6.78	7.78	9.78	12.73	15.73	17.73
螺纹规格 D		M16	M20	M24	M30	M36	M42	M48	M56	M64
螺距 P		2	2.5	3	3.5	4	4.5	5	5.5	6
c max		0.80	0.80	0.80	0.80	0.80	1.00	1.00	1.00	1.00
d_a	max	17.30	21.60	25.90	32.40	38.90	45.40	51.80	60.50	69.10
	min	16.00	20.00	24.00	30.00	36.00	42.00	48.00	56.00	64.00
d_w min		22.50	27.70	33.30	42.80	51.10	60.00	69.50	78.70	88.20
e min		26.75	32.95	39.55	50.85	60.79	71.30	82.60	93.56	104.86
m	max	14.80	18.00	21.50	25.60	31.00	34.00	38.00	45.00	51.00
	min	14.10	16.90	20.20	24.30	29.40	32.40	36.40	43.40	49.10
m_w min		11.30	13.50	16.20	19.40	23.50	25.90	29.10	34.70	39.30
s	公称 = max	24.00	30.00	36.00	46.00	55.00	65.00	75.00	85.00	95.00
	min	23.67	29.16	35.00	45.00	53.80	63.10	73.10	82.80	92.80

注：1. A 级用于 D ≤ 16 mm 的螺母；B 级用于 > 16 mm 的螺母。本表仅按优先的螺纹规格列出。

2. 螺纹规格为 M1. 6 ~ M64、细牙、A 级和 B 级的 I 型六角螺母，请查阅 GB/T 6171—2015。

附表 2 – 4 I 型六角开槽螺母 – A 和 B 级（GB 6178—1986）摘编

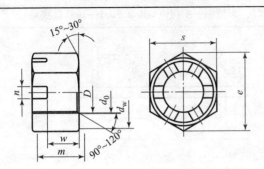

标记示例

螺纹规格 D = M5，性能等级为 8 级，不经表面处理，A 级的 I 型六角开槽螺母的标记示例：

螺母 GB 6178—1986 M5

附表 2 – 4   单位：mm

螺纹规格 D		M4	M5	M6	M8	M10	M12	M16	M20	M24	M30	M36
d_a	max	4.6	5.75	6.75	8.75	10.8	13	17.3	21.6	25.9	32.4	38.9
	min	4	5	6	8	10	12	16	20	24	30	36
d_e	max	—	—	—	—	—	—	—	28	34	42	50
	min	—	—	—	—	—	—	—	27.16	33	41	49
d_w	min	5.9	6.9	8.9	11.6	14.6	16.6	22.5	27.7	33.2	42.7	51.1
e	min	7.66	8.79	11.05	14.38	17.77	20.03	26.75	32.95	39.55	50.85	60.79
m	max	5	6.7	7.7	9.8	12.4	15.8	20.8	24	29.5	34.6	40
	min	4.7	6.4	7.34	9.44	11.97	15.37	20.28	23.16	28.66	33.6	39
m	min	2.32	3.52	3.92	5.15	6.43	8.3	11.28	13.52	16.16	19.44	23.52
n	min	1.2	1.4	2	2.5	2.8	3.5	4.5	4.5	5.5	7	7
	max	1.8	2	2.6	3.1	3.4	4.25	5.7	5.7	6.7	8.5	8.5
s	max	7	8	10	13	16	18	24	30	36	46	55
	min	6.78	7.78	9.78	12.73	15.73	17.73	23.67	29.16	35	45	53.8
w	max	3.2	4.7	5.2	6.8	8.4	10.8	14.8	18	21.5	25.6	31
	min	2.9	4.4	4.9	6.44	8.04	10.37	14.37	17.37	20.88	24.98	30.38
开口销		1 × 10	1.2 × 12	1.6 × 14	2 × 16	2.5 × 20	3.2 × 22	4 × 28	4 × 36	5 × 40	6.3 × 50	6.3 × 63

注：A 级用于 $D \leqslant 16$ 的螺母；B 级用于 $D > 16$ 的螺母。

附表2-5　小垫圈—A级（GB/T 848—2002），平垫圈—A级（GB/T 97.1—2002）
平垫圈倒角型—A级（GB/T 97.2—2002），大垫圈—A级（GB/T 96.1—2002）摘编

标记示例

标准系列，规格8 mm，性能等级为200HV，不经表面处理的平垫圈：垫圈 GB/T 97.1 8

		规格（螺纹大径）	3	4	5	6	8	10	12	16	20	24	30	36
内径 d_1	公称(min)	GB/T 848—2002	3.2	4.3	5.3	6.4	8.4	10.5	13	17	21	25	31	37
		GB/T 97.1—2002	3.2	4.3	5.3	6.4	8.4	10.5	13	17	21	25	31	37
		GB/T 97.2—2002	—	—	5.3	6.4	8.4	10.5	13	17	21	25	31	37
		GB/T 96.1—2002	3.2	4.3	5.3	6.4	8.4	10.5	13	17	21	25	33	39
	max	GB/T 848—2002	3.38	4.48	5.48	6.62	8.62	10.77	13.27	1727	21.33	25.33	31.39	37.62
		GB/T 97.1—2002	3.38	4.48	5.48	6.62	8.62	10.77	13.27	1727	21.33	25.33	31.39	37.62
		GB/T 97.2—2002	—	—	5.48	6.62	8.62	10.77	13.27	1727	21.33	25.33	31.39	37.62
		GB/T 96.1—2002	3.38	4.48	5.48	6.62	8.62	10.77	13.27	1727	21.33	25.52	33.62	39.62
外径 d_2	公称(max)	GB/T 848—2002	6	8	9	11	15	18	20	28	34	39	50	60
		GB/T 97.1—2002	7	9	10	12	16	20	24	30	37	44	56	66
		GB/T 97.2—2002	—	—	10	12	16	20	24	30	37	44	56	66
		GB/T 96.1—2002	9	12	15	18	24	30	37	50	60	72	92	110
	min	GB/T 848—2002	5.7	7.64	8.64	10.57	14.57	17.57	19.48	27.48	33.38	38.38	49.38	58.8
		GB/T 97.1—2002	6.64	8.64	9.64	11.57	15.57	19.48	23.48	29.48	36.38	43.38	55.26	64.8
		GB/T 97.2—2002	—	—	9.64	11.57	15.57	19.48	23.48	29.48	36.38	43.38	55.26	64.8
		GB/T 96.1—2002	8.64	11.57	14.57	17.57	23.48	29.48	36.38	49.38	58.1	70.8	90.6	108.6
厚度 h	公称	GB/T 848—2002	0.5	0.5	1	1.6	1.6	1.6	2	2.5	3	4	4	5
		GB/T 97.1—2002	0.5	0.8	1	1.6	1.6	1.6	2	2.5	3	4	4	5
		GB/T 97.2—2002	—	—	1	1.6	1.6	1.6	2	2.5	3	4	4	5
		GB/T 96.1—2002	0.8	1	1	1.6	2	2.5	3	3	4	5	6	8
	max	GB/T 848—2002	0.55	0.55	1.1	1.8	1.8	1.8	2.2	2.7	3.3	4.3	4.3	5.6
		GB/T 97.1—2002	0.55	0.9	1.1	1.8	1.8	1.8	2.2	2.7	3.3	4.3	4.3	5.6
		GB/T 97.2—2002	—	—	1.1	1.8	1.8	1.8	2.2	2.7	3.3	4.3	4.3	5.6
		GB/T 96.1—2002	0.9	1.1	1.1	1.8	2.2	2.7	3.3	3.3	4.3	5.6	6.6	9
	min	GB/T 848—2002	0.45	0.45	0.9	1.4	1.4	1.4	1.8	2.3				
		GB/T 97.1—2002	0.45	0.7	0.9	1.4	1.4	1.8	2.3	2.7	2.7	3.7	3.7	4.4
		GB/T 97.2—2002	—	—	0.9	1.4	1.4	1.8	2.3	2.7	2.7	3.7	3.7	4.4
		GB/T 96.1—2002	0.7	0.9	0.9	1.4	1.8	2.3	2.7	2.7	3.7	4.4	5.4	7

附表 2 – 6　标准型弹簧垫圈（GB 93—1987）轻型弹簧垫圈（GB 859—1987）摘编

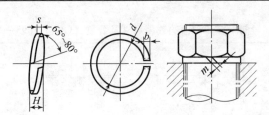

标记示例

规格 16 mm、材料 65 Mn、表面氧化的标准型弹簧垫圈：垫圈 GB 93—1987 16

规格 16 mm、材料 65 Mn、表面氧化的轻型弹簧垫圈：垫圈 GB 859—1987 16

附表 2 – 6　　　　　　　　　　　　　　　　　　　　　单位：mm

规格（螺纹大径）			2	2.5	3	4	5	6	8	10	12	16	20	24	30	36	42
d	min		2.1	2.6	3.1	4.1	5.1	6.1	8.1	10.2	12.2	16.2	20.2	24.5	30.5	36.5	42.5
	max		2.35	2.85	3.4	4.4	5.4	6.68	8.68	10.9	12.9	16.9	21.04	25.5	31.5	37.7	43.7
s（b）	GB 93—1987		0.5	0.65	0.8	1.1	1.3	1.6	2.1	2.6	3.1	4.1	5	6	7.5	9	10.5
S公称	GB 859—1987		—	—	0.6	0.8	1.1	1.3	1.6	2	2.5	3.2	4	5	6	—	—
b公称	GB 859—1987		—	—	1	1.2	1.5	2	2.5	3	3.5	4.5	5.5	7	9	—	—
H	GB 93—1987	min	1	1.3	1.6	2.2	2.6	3.2	4.2	5.2	6.2	8.2	10	12	15	18	21
		max	1.25	1.63	2	2.75	3.25	4	5.25	6.5	7.75	10.25	12.5	15	18.75	22.5	26.25
	GB 859—1987	min	—	—	1.2	1.6	2.2	2.6	3.2	4	5	6.4	8	10	12	—	—
		max	—	—	1.5	2	2.75	3.25	4	5	6.25	8	10	12.5	15	—	—
$m \leqslant$	GB 93—1987	min	0.25	0.33	0.4	0.55	0.65	0.8	1.05	1.3	1.55	2.05	2.5	3	3.75	4.5	5.25
	GB 859—1987	max	—	—	0.3	0.4	0.55	0.65	0.8	1	1.25	1.6	2	2.5	3	—	—

注：m > 0。

附录3 键与销

附表3-1 普通平键、导向平键和键槽的截面尺寸及公差（GB/T 1095—2003）摘编 单位：mm

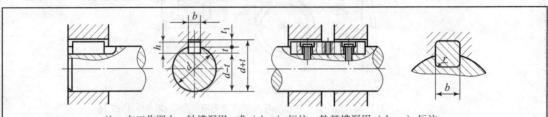

注：在工作图中，轴槽深用 t 或（$d-t$）标注，轮毂槽深用（$d+t_1$）标注。

轴	键	键槽											
		宽度 b						深度				半径 r	
	公称尺寸	公称尺寸	极限偏差					轴 t		毂 t_1			
公称直径 d			较松键连接		一般键连接		较紧键连接						
	$b \times b$	b	轴（H9）	毂（D10）	轴（N9）	毂（Js9）	轴和毂（P9）	公称尺寸	极限偏差	公称尺寸	极限偏差	最小	最大
6～8	2×2	2	+0.025	+0.060	−0.004	±0.0125	−0.006	1.2		1			
>8～10	3×3	3	0	0.020	−0.029		−0.031	1.8		1.4		0.08	0.16
>10～12	4×4	4	+0.030	+0.078	0	±0.015	−0.012	2.5	+0.1	1.8	+0.10		
>12～17	5×5	5	0	+0.030	−0.036		−0.042	3.0		2.3			
>17～22	6×6	6						3.5		2.8		0.16	0.25
>22～30	8×7	8	+0.036	+0.098	0	±0.018	−0.015	4.0		3.3			
>30～38	10×8	10	0	+0.004	−0.036		−0.051	5.0		3.3			
>38～44	12×8	12						5.0		3.3			
>44～50	14×9	14	+0.043	+0.120	0	±0.0215	−0.018	5.5		3.8		0.25	0.40
>50～58	16×10	16	0	+0.050	−0.043		−0.016	6.0		4.3			
>58～65	18×11	18						7.0	+0.2	4.4	+0.20		
>65～75	20×12	20						7.5		4.9			
>75～85	22×14	22	+0.052	+0.149	0	±0.026	−0.022	9.0		5.4			
>85～95	25×14	25	0	+0.065	−0.052		−0.074	9.0		5.4		0.40	0.60
>95～110	28×16	28						10.0		6.4			
>110～130	32×18	32						11.0		7.4			
>130～150	36×20	36						12.0		8.4			
>150～170	40×22	40	+0.062	+0.180	0	±0.031	−0.026	13.0		9.4			
>170～200	45×25	45	0	+0.080	−0.062		−0.088	15.0		10.4		0.7	1
>200～230	50×28	50						17.0		11.4			
>230～260	56×32	56						20.0	+0.3	12.4	+0.30		
>260～290	63×32	63	+0.074	+0.220	0	±0.037	−0.032	20.0		12.4		1.20	1.60
>290～330	70×36	70	0	+0.100	−0.074		−0.106	22.0		14.4			
>330～380	80×40	80						25.0		15.4			
>380～440	90×45	90	+0.087	+0.260	0	±0.0435	−0.037	28.0		17.4		2.00	2.50
>440～500	100×50	100	0	0.120	−0.087		−0.124	31.0		19.4			

附表 3 – 2　圆柱销　不淬硬钢和奥氏体不锈钢（GB/T 119.1—2000）

圆柱销　淬硬钢和马氏体不锈钢（GB/T 119.2—2000）摘编

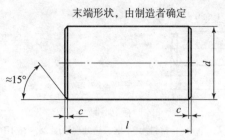

末端形状，由制造者确定

公称直径 d = 6 mm、公差为 m = 6、公称长度 l = 30 mm、材料为钢、不经淬火、不经表面处理的圆柱销：

销 GB/T 119.1 6m6 × 30

公称直径 d = 6 mm、公差为 m = 6、公称长度 l = 30 mm、材料为钢、普通淬火（A 型）、表面氧化处理的圆柱销

销 GB/T 119.2 6 × 30

附表 3 – 2　　　　　　　　　　　　　　　　　　　　单位：mm

d（公称）		1.5	2	2.5	3	4	5	6	8
c =		0.3	0.35	0.4	0.5	0.63	0.8	1.2	1.6
l（商品长度范围）	GB/T 119.1	4 ~ 16	6 ~ 20	6 ~ 24	8 ~ 30	8 ~ 40	10 ~ 50	12 ~ 60	14 ~ 80
	GB/T 119.2	4 ~ 16	5 ~ 20	6 ~ 24	8 ~ 30	8 ~ 41	10 ~ 40	14 ~ 60	16 ~ 80
d（公称）		10	12	16	20	25	30	40	50
c =		2	2.5	3	3.5	4	5	6.3	8
l（商品长度范围）	GB/T 119.1	15 ~ 95	22 ~ 140	26 ~ 180	35 ~ 200 以上	50 ~ 200 以上	60 ~ 200 以上	80 ~ 200 以上	95 ~ 200 以上
	GB/T 119.2	22 ~ 100 以上	26 ~ 100 以上	40 ~ 100 以上	50 ~ 100 以上	—	—	—	—
l（系列）		3、4、5、6、8、10、12、14、16、18、20、22、24、26、28、30、32、35、40、45、50、55、60、65、70、75、80、85、90、95、100、120、140、160、180、200…							

注：1. 公称直径 d 的公差：GB/T 119.1—2000 规定 m 6 和 h 8，GB/T 119.2—2000 仅有 m 6。其他公差有供需双方协议。

2. GB/T 119.2—2000 中淬硬钢按钢淬火方法不同，分为普通淬火（A 型）和表面淬火（B 型）。

3. 公称长度大于 200 mm，按 20 mm 递增。

附表 3 – 3 圆锥销（GB/T 117—2000）摘编

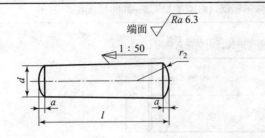

$r_1 \approx d$

$r_2 \approx a/2 + d + (0.021)^2/8a$

锥面粗糙度见附注

标记示例

公称直径 $d = 6$ mm、公称长度 $l = 30$ mm、材料为 35 钢、热处理硬度 28 ~ 38 HRC、表面氧化处理 A 型圆柱销：

销 GB/T 117 6 × 30

单位：mm

d（公称）	0.6	0.8	1	1.2	1.5	2	2.5	3	4	5
$c \approx$	0.08	0.1	0.12	0.16	0.2	0.25	0.3	0.4	0.5	0.63
l（商品长度范围）	4 ~ 8	5 ~ 12	6 ~ 16	6 ~ 20	8 ~ 24	10 ~ 35	10 ~ 35	12 ~ 45	14 ~ 55	18 ~ 60
d（公称）	6	8	10	12	16	20	25	30	40	50
$c \approx$	0.8	1	1.2	1.6	2	2.5	3	4	5	6.3
l（商品长度范围）	22 ~ 90	22 ~ 120	26 ~ 160	32 ~ 180	40 ~ 200	45 ~ 200 以上	50 ~ 200 以上	55 ~ 200 以上	60 ~ 200 以上	65 ~ 200 以上
	22 ~ 100 以上	26 ~ 100 以上	40 ~ 100 以上	50 ~ 100 以上	—	—	—	—	—	—
l（系列）	3、4、5、6、8、10、12、14、16、18、22、24、26、28、30、32、35、40、45、50、55、60、65、70、75、80、85、90、400、120、140、160、180、200…									

注：1. 公称直径 d 的公差规定 h10，其他公差 a11，c11 和 f8 由供需双方协议。

2. 圆锥销由 A 型和 B 型。A 型为磨削，锥面表面粗糙度 $Ra = 0.8 \mu m$，B 型为切削或冷镦，锥面表面粗糙度 $Ra = 3.2 \mu m$。

3. 公称长度大于 200 mm 按 20 mm 递增。

附表 3 – 4　开口销（GB/T 91—2000）摘编

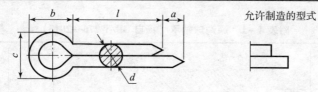

允许制造的型式

标记示例

公称规格为 5 mm，公称长度 $l = 50$ mm，材料为 Q215 或 q235，不经表面处理的开口销：

销 GB/T 91 5 × 50

附表 3 – 4　　　　　　　　　　　　　　　　　　　单位：mm

公称规格		1	1.2	1.6	2	2.5	3.2	4	5	6.3	8	10	13	16
d	max	0.9	1.0	1.4	1.8	2.3	2.9	3.7	4.6	5.9	7.5	9.5	12.4	15.4
	min	0.8	0.9	1.3	1.7	2.1	2.7	3.5	4.4	5.7	7.3	9.3	12.1	15.1
a max		1.6	2.50	2.50	2.50	2.50	3.2	4	4	4	4	6.30	6.30	6.30
$b ≈$		3	3	3.2	4	5	6.4	8	10	12.6	16	20	26	32
c	max	1.8	2	2.8	3.6	4.6	5.8	7.4	9.2	11.8	15	19	24.8	30.8
适用的直径	螺栓 >	3.5	4.5	5.5	7	9	11	14	20	27	39	56	80	120
	螺栓 ≤	4.5	5.5	7	9	11	14	20	27	39	56	80	120	170
	U型槽 >	3	4	5	6	8	9	12	17	23	29	44	69	110
	U型槽 ≤	4	5	6	8	9	12	17	23	29	44	69	110	160
l（商品长度范围）		6~20	8~25	8~32	10~40	12~50	14~63	18~80	22~100	32~125	40~160	45~200	71~250	112~280
l（系列）		4，5，6，8，10，12，14，16，18，20，22，24，26，28，30，32，36，40，45，50，56，63，71，80，90，100，112，123，140，160，180，200，224，250，280												

注：1. 公称规格等于开口销口的直径，对销口直径推荐的公差为：公称规格 ≤1.2：H13；公称规格 >1.2：H14，根据供需双方协议，允许采用公称规格为 3.6 和 12 mm 的开口销。

2. 用于铁道和在 U 型销中开口销承受横向力的场合，推荐使用的开口销规格应较本表规定的加大一档。

附录4 滚动轴承

附表4-1 深沟球轴承（摘自 GB/T 276—2013）

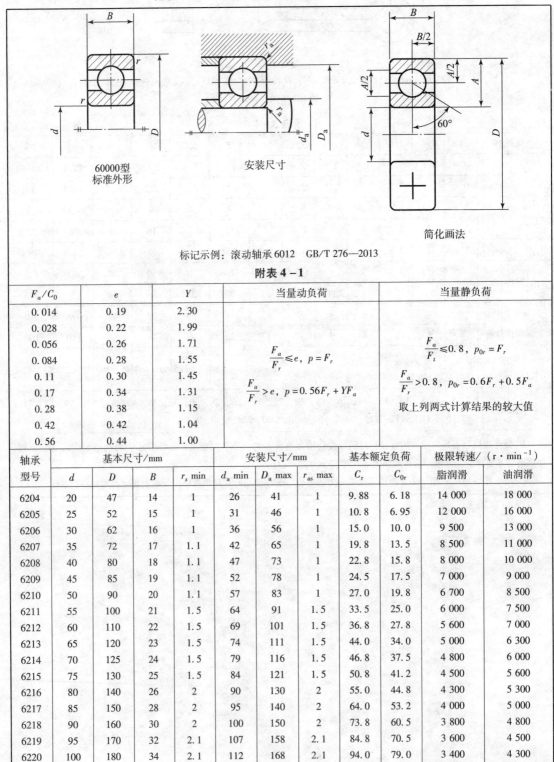

60000型
标准外形

安装尺寸

简化画法

标记示例：滚动轴承 6012 GB/T 276—2013

附表4-1

F_a/C_0	e	Y	当量动负荷	当量静负荷
0.014	0.19	2.30		
0.028	0.22	1.99		$\dfrac{F_a}{F_t} \leqslant 0.8,\ p_{0r} = F_r$
0.056	0.26	1.71		
0.084	0.28	1.55	$\dfrac{F_a}{F_r} \leqslant e,\ p = F_r$	
0.11	0.30	1.45		$\dfrac{F_a}{F_r} > 0.8,\ p_{0r} = 0.6F_r + 0.5F_a$
0.17	0.34	1.31	$\dfrac{F_a}{F_r} > e,\ p = 0.56F_r + YF_a$	
0.28	0.38	1.15		取上列两式计算结果的较大值
0.42	0.42	1.04		
0.56	0.44	1.00		

轴承型号	基本尺寸/mm				安装尺寸/mm			基本额定负荷		极限转速/（r·min⁻¹）	
	d	D	B	r_s min	d_a min	D_a max	r_{as} max	C_r	C_{0r}	脂润滑	油润滑
6204	20	47	14	1	26	41	1	9.88	6.18	14 000	18 000
6205	25	52	15	1	31	46	1	10.8	6.95	12 000	16 000
6206	30	62	16	1	36	56	1	15.0	10.0	9 500	13 000
6207	35	72	17	1.1	42	65	1	19.8	13.5	8 500	11 000
6208	40	80	18	1.1	47	73	1	22.8	15.8	8 000	10 000
6209	45	85	19	1.1	52	78	1	24.5	17.5	7 000	9 000
6210	50	90	20	1.1	57	83	1	27.0	19.8	6 700	8 500
6211	55	100	21	1.5	64	91	1.5	33.5	25.0	6 000	7 500
6212	60	110	22	1.5	69	101	1.5	36.8	27.8	5 600	7 000
6213	65	120	23	1.5	74	111	1.5	44.0	34.0	5 000	6 300
6214	70	125	24	1.5	79	116	1.5	46.8	37.5	4 800	6 000
6215	75	130	25	1.5	84	121	1.5	50.8	41.2	4 500	5 600
6216	80	140	26	2	90	130	2	55.0	44.8	4 300	5 300
6217	85	150	28	2	95	140	2	64.0	53.2	4 000	5 000
6218	90	160	30	2	100	150	2	73.8	60.5	3 800	4 800
6219	95	170	32	2.1	107	158	2.1	84.8	70.5	3 600	4 500
6220	100	180	34	2.1	112	168	2.1	94.0	79.0	3 400	4 300

轴承型号	基本尺寸/mm				安装尺寸/mm			基本额定负荷		极限转速/（r·min⁻¹）	
	d	D	B	r_s min	d_a min	D_a max	r_{as} max	C_r	C_{0r}	脂润滑	油润滑
6304	20	52	15	1.1	27	45	1	12.2	7.78	13 000	17 000
6305	25	62	17	1.1	32	55	1	17.2	11.2	10 000	14 000
6306	30	72	19	1.1	37	65	1	20.8	14.2	9 000	12 000
6307	35	80	21	1.5	44	71	1.5	25.8	17.8	8 000	10 000
6308	40	90	23	1.5	49	81	1.5	31.2	22.2	7 000	9 000
6309	45	100	25	1.5	54	91	1.5	40.8	29.8	6 300	8 000
6310	50	110	27	2	60	100	2	47.5	35.6	6 000	7 500
6311	55	120	29	2	65	110	2	55.2	41.8	5 600	6 700
6312	60	130	31	2.1	72	118	2.1	62.8	48.5	5 300	6 300
6313	65	140	33	2.1	77	128	2.1	72.2	56.5	4 500	5 600
6314	70	150	35	2.1	82	138	2.1	80.2	63.2	4 300	5 300
6315	75	160	37	2.1	87	148	2.1	87.2	71.5	4 000	5 000
6316	80	170	39	2.1	92	158	2.1	94.5	80.0	3 800	4 800
6317	85	180	41	3	99	166	2.5	102	89.2	3 600	4 500
6318	90	190	43	3	104	176	2.5	112	100	3 400	4 300
6319	95	200	45	3	109	186	2.5	122	112	3 200	4 000
6320	100	215	47	3	114	201	2.5	132	132	2 800	3 600
6404	20	72	19	1.1	27	65	1	23.8	16.8	9 500	13 000
6405	25	80	21	1.5	34	71	1.5	29.5	21.2	8 500	11 000
6406	30	90	23	1.5	39	81	1.5	36.5	26.8	8 000	10 000
6407	35	100	25	1.5	44	91	1.5	43.8	32.5	6 700	8 500
6408	40	110	27	2	50	100	2	50.2	37.8	630	8 000
6409	45	120	29	2	55	110	2	59.2	45.5	5 600	7 000
6410	50	130	31	2.1	62	118	2.1	71.0	55.2	5 200	6 500
6411	55	140	33	2.1	67	128	2.1	77.5	62.5	4 800	6 000
6412	60	150	35	2.1	72	138	2.1	83.8	70.0	4 500	5 600
6413	65	160	37	2.1	77	148	2.1	90.8	78.0	4 300	5 300
6414	70	180	42	3	84	166	2.5	108	99.2	3 800	4 800
6415	75	190	45	3	89	176	2.5	118	115	3 600	4 500
6416	80	200	48	3	94	186	2.5	125	125	3 400	4 300
6417	85	210	52	4	103	192	3	135	138	3 200	4 000
6418	90	225	54	4	108	207	3	148	188	2 800	3 600
6420	100	250	58	4	118	232	3	172	195	2 400	3 200

注：1. GB/T 276—2013 仅给出轴承型号及尺寸，安装尺寸摘自 GB/T 5868—2003

2. 轴承型号新旧国家标准对照见下表：

标准代号	类型代号	尺寸系列代号	组合代号	内径代号	举例
GB/T 272—2017	6	（0）2，（0）3，（0）4	62，63，64	04～20	6216
GB/T 272—2017	0	2，3，4	2，3，4	04～20	216

附表 4 – 2　推力球轴承（GB/T 301—2015）摘编

附表 4 – 2

51000型

轴承代号	尺寸/mm			
	d	$D_1 \min$	D	T
12 系列				
51214	70	72	105	27
51215	75	77	110	27
51216	80	82	115	28
51217	85	88	125	31
51218	90	93	135	35
51220	100	103	150	38
13 系列				
51304	20	22	47	18
51305	25	27	52	18
51306	30	32	60	21
51307	35	37	68	24
51308	40	42	78	26
51309	45	47	85	28
51310	50	52	95	31
51311	55	57	105	35
51312	60	62	110	35
51313	65	67	115	36
51314	70	72	125	40
51315	75	77	135	44
51316	80	82	140	44
51317	85	88	150	49
51318	90	93	155	50
51320	100	103	170	55

轴承代号	尺寸/mm			
	d	$D_1 \min$	D	T
11 系列				
51100	10	11	24	9
51101	12	13	26	9
51102	15	16	28	9
51103	17	18	30	9
51104	20	21	35	10
51105	25	26	42	11
51106	30	32	47	11
51107	35	37	52	12
51108	40	42	60	13
51109	45	47	65	14
51110	50	52	70	14
51111	55	57	78	16
51112	60	62	85	17
51113	65	67	90	18
51114	70	72	95	18
51115	75	77	100	19
51116	80	82	105	19
51117	85	87	110	19
51118	90	92	120	22
51120	100	102	135	25
12 系列				
51200	10	12	26	11
51201	12	14	28	11
51202	15	17	32	12
51203	17	19	35	12
51204	20	22	40	14
51205	25	27	47	15
51206	30	32	52	16
51207	35	37	62	18
51208	40	42	68	19
51209	45	47	73	20
51210	50	52	78	22
51211	55	57	90	25
51212	60	62	95	26
51213	65	67	100	27

轴承代号	尺寸/mm			
	d	$D_1 \min$	D	T
14 系列				
51405	25	27	60	24
51406	30	32	70	28
51407	35	37	80	32
51408	40	42	90	36
51409	45	47	100	39
51410	50	52	110	43
51411	55	57	120	48
51412	60	62	130	51
51413	65	68	140	56
51414	70	73	150	60
51415	75	78	160	65
51416	80	83	170	68
51417	85	88	180	72
51418	90	93	190	77
51420	100	103	210	85

附录 5　公差与配合

附表 5-1　标准公差数值（GB/T 1800.1-2009）摘编

公称尺寸/mm 大于	公称尺寸/mm 至	标准公差等级																	
		IT1	IT2	IT3	IT4	IT5	IT6	IT7	IT8	IT9	IT10	IT11	IT12	IT13	IT14	IT15	IT16	IT17	IT18
		μm											mm						
—	3	0.8	1.2	2	3	4	6	10	14	25	40	60	0.1	0.14	0.25	0.4	0.6	1	1.4
3	6	1	1.5	2.5	4	5	8	12	18	30	48	75	0.12	0.18	0.3	0.48	0.75	1.2	1.8
6	10	1	1.5	2.5	4	6	9	15	22	36	58	90	0.15	0.22	0.36	0.58	0.9	1.5	2.2
10	18	1.2	2	3	5	8	11	18	27	43	70	110	0.18	0.27	0.43	0.7	1.1	1.8	2.7
18	30	1.5	2.5	4	6	9	13	21	33	52	84	130	0.21	0.33	0.52	0.84	1.3	2.1	3.3
30	50	1.5	2.5	4	7	11	16	25	39	62	100	160	0.25	0.39	0.62	1	1.6	2.5	3.9
50	80	2	3	5	8	13	19	30	46	74	120	190	0.3	0.46	0.74	1.2	1.9	3	4.6
80	120	2.5	4	6	10	15	22	35	54	87	140	220	0.35	0.54	0.87	1.4	2.2	3.5	5.4
120	180	3.5	5	8	12	18	25	40	63	100	160	250	0.4	0.63	1	1.6	2.5	4	6.3
180	250	4.5	7	10	14	20	29	46	72	115	185	290	0.46	0.72	1.15	1.85	2.9	4.6	7.2
250	315	6	8	12	16	23	32	52	81	130	210	320	0.52	0.81	1.3	2.1	3.2	5.2	8.1
315	400	7	9	13	18	25	36	57	89	140	230	360	0.57	0.89	1.4	2.3	3.6	5.7	8.9
400	500	8	10	15	20	27	40	63	97	155	250	400	0.63	0.97	1.55	2.5	4	6.3	9.7
500	630	9	11	16	22	32	44	70	110	175	280	440	0.7	1.1	1.75	2.8	4.4	7	11
630	800	10	13	18	25	36	50	80	125	200	320	500	0.8	1.25	2	3.2	5	8	12.5
800	1000	11	15	21	28	40	56	90	140	230	360	560	0.9	1.4	2.3	3.6	5.6	9	14
2000	2500	22	30	41	55	78	110	175	280	440	700	1100	1.75	2.8	4.4	7	11	17.5	28
2500	3150	26	36	50	68	96	135	210	330	540	860	1350	2.1	3.3	5.4	8.6	13.5	21	33

注：1. 公称尺寸大于500mm的IT1至IT5的标准公差数值为试行。

2. 公称尺寸小于1mm时，无IT14至IT18。

附表 5 – 2 常用及优先用途轴的极限偏差数值（GB/T 1800. 2—2009） 单位：mm

公称尺寸/mm 大于	至	公差带 a – e												
		a	b		c				d				e		
		11 *	11 *	12 *	9 *	10 *	▲11	12	8 *	▲9	10 *	11 *	7 *	8 *	9 *
–	3	– 270	– 140	– 140	– 60	– 60	– 60	– 60	– 20	– 20	– 20	– 20	– 14	– 14	– 14
		– 330	– 200	– 240	– 85	– 100	– 120	– 160	– 34	– 45	– 60	– 80	– 24	– 28	– 39
3	6	– 270	– 140	– 140	– 70	– 70	– 70	– 70	– 30	– 30	– 30	– 30	– 20	– 20	– 20
		– 345	– 215	– 260	– 100	– 118	– 145	– 190	– 48	– 60	– 78	– 105	– 32	– 38	– 50
6	10	– 280	– 150	– 150	– 80	– 80	– 80	– 80	– 40	– 40	– 40	– 40	– 25	– 25	– 25
		– 370	– 240	– 300	– 116	– 138	– 170	– 230	– 62	– 76	– 98	– 130	– 40	– 47	– 61
10	14	– 290	– 150	– 150	– 95	– 95	– 95	– 95	– 50	– 50	– 50	– 50	– 32	– 32	– 32
14	18	– 400	– 260	– 330	– 138	– 165	– 205	– 275	– 77	– 93	– 120	– 160	– 50	– 59	– 75
18	24	– 300	– 160	– 160	– 110	– 110	– 110	– 110	– 65	– 65	– 65	– 65	– 40	– 40	– 40
24	30	– 430	– 290	– 370	– 162	– 194	– 240	– 320	– 98	– 117	– 149	– 195	– 61	– 73	– 92
30	40	– 310	– 170	– 170	– 120	– 120	– 120	– 120	– 80	– 80	– 80	– 80	– 50	– 50	– 50
		– 470	– 330	– 420	– 182	– 220	– 280	– 370							
40	50	– 320	– 180	– 180	– 130	– 130	– 130	– 130							
		– 480	– 340	– 430	– 192	– 230	– 290	– 380	– 119	– 142	– 180	– 240	– 75	– 89	– 112
50	65	– 340	– 190	– 190	– 140	– 140	– 140	– 140	– 100	– 100	– 100	– 100	– 60	– 60	– 60
		– 530	– 380	– 490	– 214	– 260	– 330	– 440							
65	80	– 360	– 200	– 200	– 150	– 150	– 150	– 150							
		– 550	– 390	– 500	– 224	– 270	– 340	– 450	– 146	– 174	– 220	– 290	– 90	– 106	– 134
80	100	– 380	– 220	– 220	– 170	– 170	– 170	– 170	– 120	– 120	– 120	– 120	– 72	– 72	– 72
		– 600	– 440	– 570	– 257	– 310	– 390	– 520							
100	120	– 410	– 240	– 240	– 180	– 180	– 180	– 180							
		– 630	– 460	– 590	– 267	– 320	– 400	– 530	– 174	– 207	– 260	– 340	– 107	– 126	– 212
120	140	– 460	– 260	– 260	– 200	– 200	– 200	– 200							
		– 710	– 510	– 660	– 300	– 360	– 450	– 600							
140	160	– 520	– 280	– 280	– 210	– 210	– 210	– 210	– 145	– 145	– 145	– 145	– 85	– 85	– 85
		– 770	– 530	– 680	– 310	– 370	– 460	– 610							
160	180	– 580	– 310	– 310	– 230	– 230	– 230	– 230							
		– 830	– 560	– 710	– 330	– 390	– 480	– 630	– 208	– 245	– 305	– 395	– 125	– 148	– 185

续表

公称尺寸/mm 代号等级		公差带 a－e												
		a	b		c				d				e		
大于	至	11 *	11 *	12 *	9 *	10 *	▲11	12	8 *	▲9	10 *	11 *	7 *	8 *	9 *
180	200	－ 660 － 950	－ 340 － 630	－ 340 － 800	－ 240 － 355	－ 240 － 425	－ 240 － 530	－ 240 － 700	－ 170	－ 170	－ 170	－ 170	－ 100	－ 100	－ 100
200	225	－ 740 － 1030	－ 380 － 670	－ 380 － 840	－ 260 － 375	－ 260 － 445	－ 260 － 550	－ 260 － 720							
225	250	－ 820 － 1110	－ 420 － 710	－ 420 － 880	－ 280 － 395	－ 280 － 465	－ 280 － 570	－ 280 － 740	－ 242	－ 285	－ 355	－ 460	－ 146	－ 172	－ 215
250	280	－ 920 － 1240	－ 480 － 800	－ 480 － 1000	－ 300 － 430	－ 300 － 510	－ 300 － 620	－ 300 － 820	－ 190	－ 190	－ 190	－ 190	－ 110	－ 110	－ 110
280	315	－ 1050 － 1370	－ 540 － 860	－ 540 － 1060	－ 330 － 460	－ 330 － 540	－ 330 － 650	－ 330 － 850	－ 271	－ 320	－ 400	－ 510	－ 162	－ 191	－ 240
315	355	－ 1200 － 1560	－ 600 － 960	－ 600 － 1170	－ 360 － 500	－ 360 － 590	－ 360 － 720	－ 360 － 930	－ 210	－ 210	－ 210	－ 210	－ 125	－ 125	－ 125
355	400	－ 1350 － 1710	－ 680 － 1040	－ 680 － 1250	－ 400 － 540	－ 400 － 630	－ 400 － 760	－ 400 － 970	－ 299	－ 350	－ 440	－ 570	－ 182	－ 214	－ 265
400	450	－ 1500 － 1900	－ 760 － 1160	－ 760 － 1390	－ 440 － 595	－ 440 － 690	－ 440 － 840	－ 440 － 1070	－ 230	－ 230	－ 230	－ 230	－ 135	－ 135	－ 135
450	500	－ 1650 － 2050	－ 840 － 1240	－ 840 － 1470	－ 480 － 635	－ 480 － 730	－ 480 － 880	－ 480 － 1110	－ 327	－ 385	－ 480	－ 630	－ 198	－ 232	－ 290

注：1. 公称尺寸小于 1mm 时，各级 a 和 b 均不采用。

　　2. ▲为优先公差带，＊为常用公差带，其他为一般用途公差带。

附表 5－3　常用及优先用途孔的极限偏差数值（GB/T 1800.2—2009）

单位：mm

公差带 f、g、h、N

公称尺寸/mm 大于	至	f 5	f 6	f 7	f 8	f 9	g 5	g 6	g 7	h 4	h 5	h 6	h 7	h 8	N 9	N 10	N 11
—	3	−6 / −10	−6 / −12	−6 / −16	−6 / −20	−6 / −31	−2 / −6	−2 / −8	−2 / −12	0 / −3	0 / −4	0 / −6	0 / −10	0 / −14	−4 / −29	−4 / −44	−4 / −64
3	6	−10 / −15	−10 / −18	−10 / −22	−10 / −28	−10 / −40	−4 / −9	−4 / −12	−4 / −16	0 / −4	0 / −5	0 / −8	0 / −12	0 / −18	0 / −30	0 / −48	0 / −75
6	10	−13 / −19	−13 / −22	−13 / −28	−13 / −35	−13 / −49	−5 / −11	−5 / −14	−5 / −20	0 / −4	0 / −6	0 / −9	0 / −15	0 / −22	0 / −36	0 / −58	0 / −90
10	14	−16 / −24	−16 / −27	−16 / −34	−16 / −48	−16 / −59	−6 / −14	−6 / −17	−6 / −24	0 / −5	0 / −8	0 / −11	0 / −18	0 / −27	0 / −43	0 / −70	0 / −110
14	18	−16 / −24	−16 / −27	−16 / −34	−16 / −48	−16 / −59	−6 / −14	−6 / −17	−6 / −24	0 / −5	0 / −8	0 / −11	0 / −18	0 / −27	0 / −43	0 / −70	0 / −110
18	24	−20 / −29	−20 / −33	−20 / −41	−20 / −53	−20 / −72	−7 / −16	−7 / −20	−7 / −28	0 / −6	0 / −9	0 / −13	0 / −21	0 / −33	0 / −52	0 / −84	0 / −130
24	30	−20 / −29	−20 / −33	−20 / −41	−20 / −53	−20 / −72	−7 / −16	−7 / −20	−7 / −28	0 / −6	0 / −9	0 / −13	0 / −21	0 / −33	0 / −52	0 / −84	0 / −130
30	40	−25 / −36	−25 / −41	−25 / −50	−25 / −64	−25 / −87	−9 / −20	−9 / −25	−9 / −34	0 / −7	0 / −11	0 / −16	0 / −25	0 / −39	0 / −62	0 / −100	0 / −160
40	50	−25 / −36	−25 / −41	−25 / −50	−25 / −64	−25 / −87	−9 / −20	−9 / −25	−9 / −34	0 / −7	0 / −11	0 / −16	0 / −25	0 / −39	0 / −62	0 / −100	0 / −160
50	65	−30 / −43	−30 / −49	−30 / −60	−30 / −76	−30 / −104	−10 / −23	−10 / −29	−10 / −40	0 / −8	0 / −13	0 / −19	0 / −30	0 / −46	0 / −74	0 / −120	0 / −190
65	80	−30 / −43	−30 / −49	−30 / −60	−30 / −76	−30 / −104	−10 / −23	−10 / −29	−10 / −40	0 / −8	0 / −13	0 / −19	0 / −30	0 / −46	0 / −74	0 / −120	0 / −190

续表

公差带 f、g、h、N

公称尺寸/mm 大于	至	f 5	f 6	f 7	f 8	f 9	g 5	g 6	g 7	h 4	h 5	h 6	h 7	h 8	N 9	N 10	N 11
80	100	-36/-51	-36/-58	-36/-71	-36/-90	-36/-123	-12/-27	-12/-34	-12/-47	0/-10	0/-15	0/-22	0/-35	0/-54	0/-87	0/-140	0/-220
100	120	-36/-51	-36/-58	-36/-71	-36/-90	-36/-123	-12/-27	-12/-34	-12/-47	0/-10	0/-15	0/-22	0/-35	0/-54	0/-87	0/-140	0/-220
120	140	-43/-61	-43/-68	-43/-83	-43/-106	-43/-143	-14/-32	-14/-39	-14/-54	0/-12	0/-18	0/-25	0/-40	0/-63	0/-100	0/-160	0/-250
140	160	-43/-61	-43/-68	-43/-83	-43/-106	-43/-143	-14/-32	-14/-39	-14/-54	0/-12	0/-18	0/-25	0/-40	0/-63	0/-100	0/-160	0/-250
160	180	-43/-61	-43/-68	-43/-83	-43/-106	-43/-143	-14/-32	-14/-39	-14/-54	0/-12	0/-18	0/-25	0/-40	0/-63	0/-100	0/-160	0/-250
180	200	-50/-70	-50/-79	-50/-96	-50/-122	-50/-165	-15/-35	-15/-44	-15/-61	0/-14	0/-20	0/-29	0/-46	0/-72	0/-115	0/-185	0/-290
200	225	-50/-70	-50/-79	-50/-96	-50/-122	-50/-165	-15/-35	-15/-44	-15/-61	0/-14	0/-20	0/-29	0/-46	0/-72	0/-115	0/-185	0/-290
225	250	-50/-70	-50/-79	-50/-96	-50/-122	-50/-165	-15/-35	-15/-44	-15/-61	0/-14	0/-20	0/-29	0/-46	0/-72	0/-115	0/-185	0/-290
250	280	-56/-79	-56/-88	-56/-108	-56/-137	-56/-186	-17/-40	-17/-49	-17/-69	0/-16	0/-23	0/-32	0/-52	0/-81	0/-130	0/-210	0/-320
280	315	-56/-79	-56/-88	-56/-108	-56/-137	-56/-186	-17/-40	-17/-49	-17/-69	0/-16	0/-23	0/-32	0/-52	0/-81	0/-130	0/-210	0/-320
315	355	-62/-87	-62/-98	-62/-119	-62/-151	-62/-202	-18/-43	-18/-54	-18/-75	0/-18	0/-25	0/-36	0/-57	0/-89	0/-140	0/-230	0/-360
355	400	-62/-87	-62/-98	-62/-119	-62/-151	-62/-202	-18/-43	-18/-54	-18/-75	0/-18	0/-25	0/-36	0/-57	0/-89	0/-140	0/-230	0/-360
400	450	-68/-95	-68/-108	-68/-131	-68/-165	-68/-223	-20/-47	-20/-60	-20/-83	0/-20	0/-27	0/-40	0/-63	0/-97	0/-155	0/-250	0/-400
450	500	-68/-95	-68/-108	-68/-131	-68/-165	-68/-223	-20/-47	-20/-60	-20/-83	0/-20	0/-27	0/-40	0/-63	0/-97	0/-155	0/-250	0/-400

注：▲为优先公差带，*为常用公差带，其余为一般用途公差带。

附表 5-4　　　　　　　　　　　　　　　　　　　　　　　　　单位：μm

基本尺寸/mm 大于	至	公差带 j-p j 5*	j 6*	j 7*	k 5*	k ▲6	k 7*	m 5*	m 6*	m 7*	n 5*	n ▲6	n 7*	p 5*	p ▲6	p 7*
−	3	±2	+4/−2	+6/−4	+4/0	+6/0	+10/0	+6/+2	+8/+2	+12/+2	+8/+4	+10/+4	+14/+4	+10/+6	+12/+6	+16/+6
3	6	+3/−2	+6/−2	+8/−4	+6/+1	+9/+1	+13/+1	+9/+4	+12/+4	+16/+4	+13/+8	+16/+8	+20/+8	+17/+12	+20/+12	+24/+12
6	10	+4/−2	+7/−2	+10/−5	+7/+1	+10/+1	+16/+1	+12/+6	+15/+6	+21/+6	+16/+10	+19/+10	25/10	+21/15	+24/+15	+30/+15
10	14	+5/−3	+8/−3	+12/−6	+9/+1	+12/+1	+19/+1	+15/+7	+18/+7	+25/+7	+20/+12	+23/+12	+30/+12	+26/18	+29/+18	+36/+18
14	18	+5/−3	+8/−3	+12/−6	+9/+1	+12/+1	+19/+1	+15/+7	+18/+7	+25/+7	+20/+12	+23/+12	+30/+12	+26/18	+29/+18	+36/+18
18	24	+5/−4	+9/−4	+13/−8	+11/+2	+15/+2	+23/+2	+17/+8	+21/+8	+29/+8	+24/+15	+28/+15	+36/+15	+31/+22	+35/+22	+43/+22
24	30	+5/−4	+9/−4	+13/−8	+11/+2	+15/+2	+23/+2	+17/+8	+21/+8	+29/+8	+24/+15	+28/+15	+36/+15	+31/+22	+35/+22	+43/+22
30	40	+6/−5	+11/−5	+15/−10	+13/+2	+18/+2	+27/+2	+20/+9	+25/+9	+34/+9	+28/+17	+33/+17	+42/+17	+37/+26	+42/+26	+51/+26
40	50	+6/−5	+11/−5	+15/−10	+13/+2	+18/+2	+27/+2	+20/+9	+25/+9	+34/+9	+28/+17	+33/+17	+42/+17	+37/+26	+42/+26	+51/+26
50	65	+6/−7	+12/−7	+18/−12	+15/+2	+21/+2	+32/+2	+24/+11	+30/+11	+41/+11	+33/+20	+39/+20	+50/+20	+45/+32	+51/+32	+62/+32
65	80	+6/−7	+12/−7	+18/−12	+15/+2	+21/+2	+32/+2	+24/+11	+30/+11	+41/+11	+33/+20	+39/+20	+50/+20	+45/+32	+51/+32	+62/+32
80	100	+6/−9	+13/−9	+20/−15	+18/+3	+25/+3	+38/+3	+28/+13	+35/+13	+48/+13	+38/+23	+45/+23	+58/+23	+52/+37	+59/+37	+72/+37
100	120	+6/−9	+13/−9	+20/−15	+18/+3	+25/+3	+38/+3	+28/+13	+35/+13	+48/+13	+38/+23	+45/+23	+58/+23	+52/+37	+59/+37	+72/+37
120	140	+7/−11	+14/−11	+22/−18	+21/+3	+28/+3	+43/+3	+33/+15	+40/+15	+55/+15	+45/+27	+52/+27	+67/+27	+61/+43	+68/43	+83/+43
140	160	+7/−11	+14/−11	+22/−18	+21/+3	+28/+3	+43/+3	+33/+15	+40/+15	+55/+15	+45/+27	+52/+27	+67/+27	+61/+43	+68/43	+83/+43
160	180	+7/−11	+14/−11	+22/−18	+21/+3	+28/+3	+43/+3	+33/+15	+40/+15	+55/+15	+45/+27	+52/+27	+67/+27	+61/+43	+68/43	+83/+43
180	200	+7/−13	+16/−13	+25/−21	+24/+4	+33/+4	+50/+4	+37/+17	+46/+17	+63/+17	+51/+31	+60/+31	+77/+31	+70/+50	+79/+50	+96/+50
200	225	+7/−13	+16/−13	+25/−21	+24/+4	+33/+4	+50/+4	+37/+17	+46/+17	+63/+17	+51/+31	+60/+31	+77/+31	+70/+50	+79/+50	+96/+50
225	250	+7/−13	+16/−13	+25/−21	+24/+4	+33/+4	+50/+4	+37/+17	+46/+17	+63/+17	+51/+31	+60/+31	+77/+31	+70/+50	+79/+50	+96/+50
250	280	+7/−16	±16	±26	+27/+4	+36/+4	+56/+4	+43/+20	+52/+20	+72/+20	+57/+34	+66/+34	+86/+34	+79/+56	+88/+56	+108/+56
280	315	+7/−16	±16	±26	+27/+4	+36/+4	+56/+4	+43/+20	+52/+20	+72/+20	+57/+34	+66/+34	+86/+34	+79/+56	+88/+56	+108/+56
315	355	+7/−18	±18	+29/−28	+29/+4	+40/+4	+61/+4	+46/+21	+57/+21	+78/+21	+62/+37	+73/+37	+94/+37	+87/+62	+98/+62	+119/+62
355	400	+7/−18	±18	+29/−28	+29/+4	+40/+4	+61/+4	+46/+21	+57/+21	+78/+21	+62/+37	+73/+37	+94/+37	+87/+62	+98/+62	+119/+62
400	450	+7/−20	±20	+31/−32	+32/+5	+45/+5	+68/+5	+50/+23	+63/+23	+86/+23	+67/+40	+80/+40	+103/+40	+95/+68	+108/+68	+131/+68
450	500	+7/−20	±20	+31/−32	+32/+5	+45/+5	+68/+5	+50/+23	+63/+23	+86/+23	+67/+40	+80/+40	+103/+40	+95/+68	+108/+68	+131/+68

注：▲为优先公差带，＊为常用公差带，其余为一般用途公差带。

附表 5 – 5

公差带 r ~ z

公称尺寸/mm 大于	至	r 5*	r 6*	r 7*	s 5*	s ▲6	s 7*	t 5*	t 6*	t 7*	u 5*	u ▲6	u 7*	u 8	v 6*	x 6*	y 6*	z 6*
—	3	+14/+10	+16/+10	+20/+10	+18/+14	+20/+14	+24/+14	—	—	—	+22/+18	+24/+18	+28/+18	+32/+18	—	+26/+20	—	+32/+26
3	6	+20/+15	+23/+15	+27/+15	+24/+19	+27/+19	+31/+19	—	—	—	+28/+23	+31/+23	+35/+23	+41/+23	—	+36/+28	—	+42/+35
6	10	+25/+19	+28/+19	+34/+19	+29/+23	+32/+23	+38/+23	—	—	—	+34/+28	+37/+28	+43/+28	+50/+28	—	+43/+34	—	+51/+42
10	14	+31/+23	+34/+23	+41/+23	+36/+28	+39/+28	+46/+28	—	—	—	+41/+33	+44/+33	+51/+33	+60/+33	—	+51/+40	—	+61/+50
14	18	+31/+23	+34/+23	+41/+23	+36/+28	+39/+28	+46/+28	—	—	—	+41/+33	+44/+33	+51/+33	+60/+33	+50/+39	+56/+45	—	+71/+60
18	24	+37/+28	+41/+28	+49/+28	+44/+35	+48/+35	+56/+35	—	—	—	+50/+41	+54/+41	+62/+41	+74/+41	+60/+47	+67/+54	+76/+63	+86/+73
24	30	+37/+28	+41/+28	+49/+28	+44/+35	+48/+35	+56/+35	+50/+41	+54/+41	+62/+41	+57/+48	+61/+48	+69/+48	+81/+48	+68/+55	+77/+64	+88/+75	+101/+88
30	40	+45/+34	+50/+34	+59/+34	+54/+43	+59/+43	+68/+43	+59/+48	+64/+48	+73/+48	+71/+60	+76/+60	+85/+60	+99/+60	+84/+68	+96/+80	+110/+94	+128/+112
40	50	+45/+34	+50/+34	+59/+34	+54/+43	+59/+43	+68/+43	+65/+54	+70/+54	+79/+54	+81/+70	+86/+70	+95/+70	+109/+70	+97/+81	+113/+97	+130/+114	+152/+136

续表

公差带 r-z

公称尺寸/mm		r 5*	r 6*	r 7*	s 5*	s ▲6	s 7*	t 5*	t 6*	t 7*	u 5*	u ▲6	u 7*	u 8	v 6*	x 6*	y 6*	z 6*
大于	至																	
50	65	+54 +41	+60 +41	+71 +41	+66 +53	+72 +53	+83 +53	+79 +66	+85 +66	+96 +66	+100 +87	+106 +87	+117 +87	+133 +87	+121 +102	+141 +122	+163 +144	+191 +172
65	80	+56 +43	+62 +43	+73 +43	+72 +59	+78 +59	+89 +59	+88 +75	+94 +75	+105 +75	+115 +102	+121 +102	+132 +102	+148 +102	+139 +120	+165 +146	+193 +174	+229 +210
80	100	+66 +51	+73 +51	+86 +51	+86 +71	+93 +71	+106 +71	+106 +91	+113 +91	+126 +91	+139 +124	+146 +124	+159 +124	+178 +124	+168 +146	+200 +178	+236 +214	+280 +258
100	120	+69 +54	+76 +54	+89 +54	+94 +79	+101 +79	+114 +79	+119 +104	+126 +104	+139 +104	+159 +144	+166 +144	+179 144	+198 +144	+194 +172	+232 +210	+276 +254	+332 +310
120	140	+81 +63	+88 +63	+103 +63	+110 +92	+117 +92	+132 +92	+140 +122	+147 +122	+162 +122	+188 +170	+195 +170	+210 +170	+233 +170	+227 +202	+273 +248	+325 +300	+390 +365
140	160	+83 +65	+90 +65	+105 +65	+118 +100	+125 +100	+140 +100	+152 +134	+159 +134	+174 +134	+208 +190	+215 +190	+230 +190	+253 +190	+253 +228	+305 +280	+365 +340	+440 +415
160	180	+86 +68	+93 +68	+108 +68	+126 +108	+133 +108	148 108	+164 +146	+171 +146	+186 +146	+228 +210	+235 +210	+250 +210	+273 +210	+277 +252	+335 +310	+405 +380	+490 +465
180	200	+97 +77	+106 +77	+123 +77	+142 +122	+151 +122	+168 +122	+186 +166	+195 +166	+212 +166	+256 +236	+265 +236	+282 +236	+308 +236	+313 +284	+379 +350	+454 +425	+549 +520

续表

公差带 r－z

公称尺寸/mm 大于	至	r			s			t			u				v	x	y	z
代号等级		5*	6*	7*	5*	▲6	7*	5*	6*	7*	5*	▲6	7*	8	6*	6*	6*	6*
200	225	+100 +80	+109 +80	+126 +80	+150 +130	+159 +130	+176 +130	+200 +180	+209 +180	+226 +180	+278 +258	+287 +258	+304 +258	+330 +258	+339 +310	+414 +385	+499 +470	+604 +575
225	250	+104 +84	+113 +84	+130 +84	+160 +140	+169 +140	+186 +140	+216 +196	+225 +196	+242 +196	+304 +284	+313 +284	+330 +284	+356 +284	+369 +340	+454 +425	+549 +520	+669 +640
250	280	+117 +94	+126 +94	+146 +94	+181 +158	+190 +158	+210 +158	+241 +218	+250 +218	+270 +218	+338 +315	+347 +315	+367 +315	+396 +315	+417 +385	+507 +475	+612 +580	+742 +710
280	315	+121 +98	+130 +98	+150 +98	+193 +170	+202 +170	+222 +170	+263 +240	+272 +240	+292 +240	+373 +350	+382 +350	+402 +350	+431 +350	+457 +425	+557 +525	+682 +650	+822 +790
315	355	+133 +108	+144 +108	+165 +108	+215 +190	+226 +190	+247 +190	+293 +268	+304 +268	+325 +268	+415 +390	+426 +390	+447 +390	+479 +390	+511 +475	+626 +590	+766 +730	+936 +900
355	400	+139 +114	+150 +114	+171 +114	+233 +208	+244 +208	+265 +208	+319 +294	+330 +294	+351 +294	+460 +435	+471 +435	+492 +435	+524 +435	+566 +530	+696 +660	+856 +820	+1036 +1000
400	450	+153 +126	+166 +126	+189 +126	+259 +232	+272 +232	+295 +232	+357 +330	+370 +330	+393 +330	+517 +490	+530 +490	+553 +490	+587 +490	+635 +595	+780 +740	+960 +920	+1140 +1100
450	500	+159 +132	+172 +132	+195 +132	+279 +252	+292 +252	+315 +252	+387 +360	+400 +360	+423 +360	+567 +540	+580 +540	+603 +540	+637 +540	+700 +660	+860 +820	+1040 +1000	+1290 +1250

注：▲为优先公差带，*为常用公差带，其余为一般用途公差带。

附表 5 – 6　常用优先用途孔的极限偏差（GB/T 1800.2 – 2009）摘编

公差带 A – F

公称尺寸/mm 大于	至	A* 11*	B* 11*	B* 12*	C ▲11	C 12	D 8*	D ▲9	D 10*	D 11*	E 8*	E 9*	E 10	F 6*	F 7*	F ▲8	F 9*
—	3	+330 / +270	+200 / +140	+240 / +140	+120 / +60	+160 / +60	+34 / +20	+45 / +20	+60 / +20	+80 / +20	+28 / +14	+39 / +14	+54 / +14	+12 / +6	+16 / +6	+20 / +6	+31 / +6
3	6	+345 / +270	+215 / +140	+260 / +140	+145 / +70	+190 / +70	+48 / +30	+60 / +30	+78 / +30	+105 / +30	+38 / +20	+50 / +20	+68 / +20	+18 / +10	+22 / +10	+28 / +10	+40 / +10
6	10	+370 / +280	+240 / +150	+300 / +150	+170 / +80	+230 / +80	+62 / +40	+76 / +40	+98 / +40	+130 / +40	+47 / +25	+61 / +25	+83 / +25	+22 / +13	+28 / +13	+35 / +13	+49 / +13
10	14	+400 / +290	+260 / +150	+330 / +150	+205 / +95	+275 / +95	+77 / +50	+93 / +50	+120 / +50	+160 / +50	+59 / +32	+75 / +32	+102 / +32	+27 / +16	+34 / +16	+43 / +16	+59 / +16
14	18	+400 / +290	+260 / +150	+330 / +150	+205 / +95	+275 / +95	+77 / +50	+93 / +50	+120 / +50	+160 / +50	+59 / +32	+75 / +32	+102 / +32	+27 / +16	+34 / +16	+43 / +16	+59 / +16
18	24	+430 / +300	+290 / +160	+370 / +160	+240 / +110	+320 / +110	+98 / +65	+117 / +65	+149 / +65	+195 / +65	+73 / +40	+92 / +40	+124 / +40	+33 / +20	+41 / +20	+53 / +20	+72 / +20
24	30	+430 / +300	+290 / +160	+370 / +160	+240 / +110	+320 / +110	+98 / +65	+117 / +65	+149 / +65	+195 / +65	+73 / +40	+92 / +40	+124 / +40	+33 / +20	+41 / +20	+53 / +20	+72 / +20
30	40	+470 / +310	+330 / +170	+420 / +170	+280 / +120	+370 / +120	+119 / +80	+142 / +80	+180 / +80	+240 / +80	+89 / +50	+112 / +50	+150 / +50	+41 / +25	+50 / +25	+64 / +25	+87 / +25
40	50	+480 / +320	+340 / +180	+430 / +180	+290 / +130	+380 / +130	+119 / +80	+142 / +80	+180 / +80	+240 / +80	+89 / +50	+112 / +50	+150 / +50	+41 / +25	+50 / +25	+64 / +25	+87 / +25
50	65	+530 / +340	+380 / +190	+490 / +190	+330 / +140	+440 / +140	+146 / +100	+174 / +100	+220 / +100	+290 / +100	+106 / +60	+134 / +60	+180 / +60	+49 / +30	+60 / +30	+76 / +30	+104 / +30
65	80	+550 / +360	+390 / +200	+500 / +200	+340 / +150	+450 / +150	+146 / +100	+174 / +100	+220 / +100	+290 / +100	+106 / +60	+134 / +60	+180 / +60	+49 / +30	+60 / +30	+76 / +30	+104 / +30
80	100	+600 / +380	+440 / +220	+570 / +220	+390 / +170	+520 / +170	+174 / +120	+207 / +120	+260 / +120	+340 / +120	+126 / +72	+159 / +72	+212 / +72	+58 / +36	+71 / +36	+90 / +36	+123 / +36
100	120	+630 / +410	+460 / +240	+590 / +240	+400 / +180	+530 / +180	+174 / +120	+207 / +120	+260 / +120	+340 / +120	+126 / +72	+159 / +72	+212 / +72	+58 / +36	+71 / +36	+90 / +36	+123 / +36

续表

公差带 A - F （单位：μm）

公称尺寸/mm 大于	至	A 11*	B 11*	B 12*	C ▲11	C 12	D 8*	D ▲9	D 10*	D 11*	E 8*	E 9*	E 10	F 6*	F 7*	F ▲8	F 9*
120	140	+710 +460	+510 +260	+660 +260	+450 +200	+600 +200	+208 +145	+245 +145	+305 +145	+395 +145	+148 +85	+185 +85	+245 +85	+68 +43	+83 +43	+106 +43	+143 +43
140	160	+770 +520	+530 +280	+680 +280	+460 +210	+610 +210											
160	180	+830 +580	+560 +310	+710 +310	+480 +230	+630 +230											
180	200	+950 +660	+630 +340	+800 +340	+530 +240	+700 +240	+242 +170	+285 +170	+355 +170	+460 +170	+172 +100	+215 +100	+285 +100	+79 +50	+96 +50	+122 +50	+165 +50
200	225	+1030 +740	+670 +380	+840 +380	+550 +260	+720 +260											
225	250	+1110 +820	+710 +420	+880 +420	+570 +280	+740 +280											
250	280	+1240 +920	+800 +480	+1000 +480	+620 +300	+820 +300	+271 +190	+320 +190	+400 +190	+510 +190	+191 +110	+240 +110	+320 +110	+88 +56	+108 +56	+137 +56	+186 +56
280	315	+1370 +1050	+860 +540	+1060 +540	+650 +330	+850 +300											
315	355	+1560 +1200	+960 +600	+1170 +600	+720 +360	+930 +360	+299 +210	+350 +210	+440 +210	+570 +210	+214 +125	+265 +125	+355 +125	+98 +62	+119 +62	+151 +62	+202 +62
355	400	+1710 +1350	+1040 +680	+1250 +680	+760 +400	+970 +400											
400	450	+1900 +1500	+1160 +760	+1390 +760	+840 +440	+1070 +440	+327 +230	+385 +230	+480 +230	+630 +230	+232 +135	+290 +135	+385 +135	+108 +68	+131 +68	+165 +68	+223 +68
450	500	+2050 +1650	+1240 +840	+1470 +840	+880 +480	+1110 +480											

注：1. 基本尺寸小于 1 mm 时，各级的 A 和 B 均不采用。

2. ▲为优先公差带，* 为常用公差带，其余为一般用途公差带。

附表 5 - 7

公称尺寸/mm		G 6*	G ▲7	H 6*	H ▲7	H ▲8	H ▲9	H 10*	H ▲11	H 12*	Js 6*	Js 7*	Js 8*	K 6*	K ▲7	K 8*
大于	至															
–	3	+8 / +2	+12 / +2	+6 / 0	+10 / 0	+14 / 0	+25 / 0	+40 / 0	+60 / 0	+100 / 0	±3	±5	±7	0 / -6	0 / -10	0 / -14
3	6	+12 / +4	+16 / +4	+8 / 0	+12 / 0	+18 / 0	+30 / 0	+48 / 0	+75 / 0	+120 / 0	±4	±6	±9	+2 / -6	+3 / -9	+5 / -13
6	10	+14 / +5	+20 / +5	+9 / 0	+15 / 0	+22 / 0	+36 / 0	+58 / 0	+90 / 0	+150 / 0	±4.5	±7	±11	+2 / -7	+5 / -10	+6 / -16
10	18	+17 / +6	+24 / +6	+11 / 0	+18 / 0	+27 / 0	+43 / 0	+70 / 0	+110 / 0	+180 / 0	±5.5	±9	±13	+2 / -9	+6 / -12	+8 / -19
18	30	+20 / +7	+28 / +7	+13 / 0	+21 / 0	+33 / 0	+52 / 0	+84 / 0	+130 / 0	+210 / 0	±6.5	±10	±16	+2 / -11	+6 / -15	+10 / -23
30	50	+25 / +9	+34 / +9	+16 / 0	+25 / 0	+39 / 0	+62 / 0	+100 / 0	+160 / 0	+250 / 0	±8	±12	±19	+3 / -13	+7 / -18	+12 / -27
50	80	+29 / +10	+40 / +10	+19 / 0	+30 / 0	+46 / 0	+74 / 0	+120 / 0	+190 / 0	+300 / 0	±9.5	±15	±23	+4 / -15	+9 / -21	+14 / -32
80	120	+34 / +12	+47 / +12	+22 / 0	+35 / 0	+54 / 0	+87 / 0	+140 / 0	+220 / 0	+350 / 0	±11	±17	±27	+8 / -18	+10 / -25	+16 / -38
120	180	+39 / +14	+54 / +14	+25 / 0	+40 / 0	+63 / 0	+100 / 0	+160 / 0	+250 / 0	+400 / 0	±12.5	±20	±31	+4 / -21	+12 / -28	+20 / -43
180	250	+44 / +15	+61 / +15	+29 / 0	+46 / 0	+72 / 0	+115 / 0	+185 / 0	+290 / 0	+460 / 0	±14.5	±23	±36	+5 / -24	+13 / -33	+22 / -50
250	315	+49 / +17	+69 / +17	+32 / 0	+52 / 0	+81 / 0	+130 / 0	+210 / 0	+320 / 0	+520 / 0	±16	±26	±40	+5 / -27	+16 / -36	+25 / -56
315	400	+54 / +18	+75 / +18	+36 / 0	+57 / 0	+89 / 0	140 / 0	+230 / 0	+360 / 0	+570 / 0	±18	±28	±44	+7 / -29	+17 / -40	+28 / -61
400	500	+60 / +20	+83 / +20	+40 / 0	+63 / 0	+97 / 0	+155 / 0	+250 / 0	+400 / 0	+630 / 0	±20	±31	±48	+8 / -32	+18 / -45	+29 / -68

公差带 G - K

附表 5－8

| 代号等级 公称尺寸/mm | 公差带 M－U | | | | | | | | | | | | | | |
| | M | | | N | | | P | | R | | S | | T | | U |
大于 至	6＊	7＊	8＊	6＊	▲7	8＊	6＊	▲7	6＊	7＊	6＊	▲7	6＊	7＊	▲7
－ ‖ 3	-2	-2	-2	-4	-4	-4	-6	-6	-10	-10	-14	-14	－	－	-18
	-8	-12	-16	-10	-14	-18	-12	-16	-16	-20	-20	-24			-28
3 ‖ 6	-1	0	-2	-5	-4	-2	-9	-8	-12	-11	-16	-15	－	－	-19
	-9	-12	-16	-13	-16	-20	-17	-20	-20	-23	-24	-27			-31
6 ‖ 10	-3	0	1	-7	-4	-3	-12	-9	-16	-13	-20	-17	－	－	-22
	-12	-15	-21	-16	-19	-25	-21	-24	-25	-28	-29	-32			-37
10 ‖ 14	-4	0	2	-9	-5	-3	-15	-11	-20	-16	-25	-21	－	－	-26
14 ‖ 18	-15	-18	-25	-20	-23	-30	-26	-29	-31	-34	-36	-39			-44
18 ‖ 24	-4	0	4	-11	-7	-3	-18	-14	-24	-20	-31	-27	－	－	-33
															-54
24 ‖ 30	-17	-21	-29	-24	-28	-36	-31	-35	-37	-41	-44	-48	-37	-33	-40
													-50	-54	-61
30 ‖ 40	-4	0	5	-12	-8	-3	-21	-17	-29	-25	-38	-34	-43	-39	-51
													-59	-64	-76
40 ‖ 50	-20	-25	-34	-28	-33	-42	-37	-42	-45	-50	-54	-59	-49	-45	-61
													-65	-70	-86
50 ‖ 65	-5	0	5	-14	-9	-4	-26	-21	-35	-30	-47	-42	-60	-55	-76
									-54	-60	-66	-72	-79	-85	-106
65 ‖ 80	-24	-30	-41	-33	-39	-50	-45	-51	-37	-32	-53	-48	-69	-64	-91
									-56	-62	-72	-78	-88	-94	-121
80 ‖ 100	-5	0	6	-16	-10	-4	-30	-24	-44	-38	-64	-58	-84	-78	-111
									-66	-73	-86	-93	-106	-113	-146
100 ‖ 120	-28	-35	-48	-38	-45	-58	-52	-59	-47	-41	-72	-66	-97	-91	-131
									-69	-76	-94	-101	-119	-126	-166
120 ‖ 140	-8	0	8	-20	-12	-4	-36	-28	-56	-48	-85	-77	-115	-107	-155
									-81	-88	-110	-117	-140	-147	-195
140 ‖ 160									-58	-50	-93	-85	-127	-119	-175
									-83	-90	-118	-125	-152	-159	-215
160 ‖ 180	-33	-40	-55	-45	-52	-67	-61	-68	-61	-53	-101	-93	-139	-131	-195
									-86	-93	-126	-133	-164	-171	-235

续表

公称尺寸/mm 大于	至	M 6*	M 7*	M 8*	N 6*	N ▲7	N 8*	P 6*	P ▲7	R 6*	R 7*	S 6*	S ▲7	T 6*	T 7*	U ▲7
180	200	-8	0	9	-22	-14	-5	-41	-33	-68	-60	-113	-105	-157	-149	-219
										-97	-106	-142	-151	-186	-195	-265
200	225									-71	-63	-121	-113	-171	-163	-241
										-100	-109	-150	-159	-200	-209	-287
225	250	-37	-46	-63	-51	-60	-77	-70	-79	-75	-67	-131	-123	-187	-179	-267
										-104	-113	-160	-169	-216	-225	-313
250	280	-9	0	9	-25	-14	-5	-47	-36	-85	-74	-149	-138	-209	-198	-295
										-117	-126	-181	-190	-241	-250	-347
280	315	-41	-52	-72	-57	-66	-86	-79	-88	-89	-78	-161	-150	-231	-220	-330
										-121	-130	-193	-202	-263	-272	-382
315	355	-10	0	11	-26	-16	-5	-51	-41	-97	-87	-179	-169	-257	-247	-369
										-133	-144	-215	-226	-293	-304	-426
355	400	-46	-57	-78	-62	-73	-94	-87	-98	-103	-93	-197	-187	-283	-273	-414
										-139	-150	-233	-244	-319	-330	-471
400	450	-10	0	11	-27	-17	-6	-55	-45	-113	-103	-219	-209	-317	-307	-467
										-153	-166	-259	-272	-357	-370	-530
450	500	-50	-63	-86	-67	-80	-103	-95	-108	-119	-109	-239	-229	-347	-337	-517
										-159	-172	-279	-292	-387	-400	-580

公差带 M－U

参 考 文 献

[1]庞正刚. 机械制图[M].北京:北京航空航天大学出版社,2012.

[2]王冰,于建国,王彬等. 机械制图[M].南京:东南大学出版社,2016.

[3]金大鹰. 机械制图[M].北京:机械工业出版社,2001.

[4]刘小年. 机械制图[M].北京:机械工业出版社,2004.

[5]李景龙. 新编机械制图[M].西安:西北工业大学出版社,2007.

[6]胡建生. 机械制图[M].北京:机械工业出版社,2013.

[7]李跃兵,钟震坤. 机械制图[M].长沙:中南大学出版社,2008.

[8]技术产品文件标准汇编[G].机械制图卷.北京:中国标准出版社,2009.

[9]吕天玉,宫波.公差配合与技术测量[M].大连:大连理工大学出版社,2005.

[10]国家质量技术监督局,中华人民共和国国家标准.GB/T 4457.5—2013.机械制图.剖面区域的表示法[S].北京:中国标准出版社,2013.